AF465525

SOCIÉTÉ DES AGRICULTEURS DE FRANCE

L'AGRICULTURE AU PÉROU

RÉSUMÉ DU MÉMOIRE

PRÉSENTÉ AU

CONGRÈS INTERNATIONAL DE L'AGRICULTURE

PAR

J.-B.-H. MARTINET

DOCTEUR ÈS SCIENCES (DE LA FACULTÉ DE PARIS), OFFICIER D'ACADÉMIE,
PROFESSEUR A L'ÉCOLE DES INGÉNIEURS CIVILS ET DES MINES DE LIMA,
DIRECTEUR DE LA « REVISTA DE AGRICULTURA »,
DÉLÉGUÉ SPÉCIAL DU GOUVERNEMENT PÉRUVIEN AU CONGRÈS INTERNATIONAL DE L'AGRICULTURE,
COMMISSAIRE DU PÉROU ET MEMBRE DU JURY INTERNATIONAL (CL. 74) A L'EXPOSITION UNIVERSELLE

PARIS
AU SIÉGE DE LA SOCIÉTÉ
1, RUE LEPELETIER, 1
1878

L'AGRICULTURE AU PÉROU

RÉSUMÉ DU MÉMOIRE

PRÉSENTÉ AU

CONGRÈS INTERNATIONAL DE L'AGRICULTURE

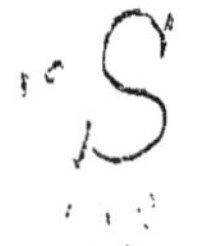

SOCIÉTÉ DES AGRICULTEURS DE FRANCE

L'AGRICULTURE AU PÉROU

RÉSUMÉ DU MÉMOIRE

PRÉSENTÉ AU

CONGRÈS INTERNATIONAL DE L'AGRICULTURE

PAR

J.-B.-H. MARTINET

DOCTEUR ÈS SCIENCES (DE LA FACULTÉ DE PARIS), OFFICIER D'ACADÉMIE,
PROFESSEUR A L'ÉCOLE DES INGÉNIEURS CIVILS ET DES MINES DE LIMA,
DIRECTEUR DE LA « REVISTA DE AGRICULTURA »,
DÉLÉGUÉ SPÉCIAL DU GOUVERNEMENT PÉRUVIEN AU CONGRÈS INTERNATIONAL DE L'AGRICULTURE
COMMISSAIRE DU PÉROU ET MEMBRE DU JURY INTERNATIONAL (CL. 74) A L'EXPOSITION UNIVERSELLE.

PARIS

AU SIÉGE DE LA SOCIÉTÉ

1, RUE LEPELETIER, 1

1878

SOCIÉTÉ DES AGRICULTEURS DE FRANCE

L'AGRICULTURE AU PÉROU

RÉSUMÉ DU MÉMOIRE

PRÉSENTÉ AU

CONGRÈS INTERNATIONAL DE L'AGRICULTURE

INTRODUCTION

Le Pérou est formé, comme on sait, de la plus grande partie du vaste et florissant empire des Incas, qu'une poignée d'aventuriers espagnols soumit à la couronne de Castille, dès la première moitié du XVIe siècle. Cette riche et belle portion de l'Amérique méridionale demeura, durant presque deux siècles sous la domination peu paternelle de l'Espagne, mais, le 28 juillet de l'année 1821, l'illustre général San Martin proclama le Pérou libre et indépendant. Cette déclaration fut définitivement consacrée dans les plaines d'Ayacucho, où une brillante victoire affranchit à jamais le Pérou du joug de l'Espagne.

Compris entre le 1er et le 22e degré de latitude sud, d'une part, et, de l'autre, entre le 70e et le 84e degré de longitude à l'ouest du méridien de Paris, le Pérou est limité, au nord, par les Républiques de l'Équateur et de la Nouvelle-Grenade, depuis l'embouchure de l'Apaporis, qui verse ses eaux dans le Yapura, par 1°31'29",5 de latitude sud et 71°45'19",5 de longitude ouest, jusqu'au village de Santa Rosa, situé au bord du Pacifique, par 3° 21' de latitude sud et 82° de longitude ouest ; au sud, le Pérou est limité par la République Bolivienne depuis un point de la vallée de Tucupillo, situé sur le bord de la mer, par 22°

de latitude sud, jusqu'au point où, en remontant cette même vallée de Tucupillo, on rencontre les limites Est, au sommet de la Cordillère; à l'ouest, par l'Océan Pacifique; à l'est, par l'empire du Brésil et la Bolivie.

La côte du Pérou mesure, par conséquent, plus de 18 degrés, et, comme sa direction est presque nord-ouest-sud-ouest, on peut estimer sa longueur à plus de 2 500 kilomètres.

La superficie totale de la République péruvienne est estimée à 67000 lieues carrées de 20 au degré (1) et, selon le dernier recensement fait en 1876, sa population n'atteint pas 3 millions d'habitants (2 698 945).

Dès l'époque de son indépendance, le Pérou adopta pour son gouvernement la forme républicaine démocratique représentative, reconnaissant trois pouvoirs indépendants : Le *Législatif*, l'*Exécutif* et le *Judiciaire*.

Le pouvoir législatif est exercé par le Congrès, formé de deux Chambres : le *Sénat* et la *Chambre des députés*. Les membres du Congrès sont élus par les citoyens à la suite d'un suffrage à plusieurs degrés. Chaque département nomme quatre sénateurs titulaires et quatre suppléants quand il comprend au moins huit provinces. S'il a de quatre à sept provinces, il n'envoie au Sénat que trois sénateurs et trois suppléants.

Le nombre des sénateurs et des suppléants que nomme chaque département formé de une à deux provinces, est de deux seulement.

Quant aux députés, les départements élisent, pour le Congrès, un titulaire et un suppléant par chaque 30 000 habitants ou par chaque province dont la population n'atteint pas ce chiffre.

Pour être élu sénateur, il faut être Péruvien de naissance et en jouissance de ses droits de citoyen, être âgé d'au moins trente-cinq ans, posséder une rente ou exercer une profession qui rapporte 1 000 soles par an ou être profes-

(1) Cette surface a été obtenue en découpant sur une grande carte, d'un papier très-homogène et uniforme, la partie comprise entre les limites du territoire péruvien, telles que nous venons de les indiquer, et en la pesant. La connaissance du poids moyen d'un certain nombre des carrés fournis par les méridiens et les parallèles de degré en degré et pris en divers points de la carte permet de calculer avec une exactitude suffisante la superficie totale du pays.

seur de quelque science. Les mêmes conditions sont requises pour être député, sauf l'âge, qui est abaissé à vingt-un ans et la rente à 500 soles. Il faut, en outre, être né dans le département dont on aspire à représenter une province, ou avoir habité cette province pendant trois années.

Les Chambres se renouvellent tous les deux ans par tiers de leurs membres.

Le pouvoir exécutif est entre les mains du Président de la République, élu, comme les membres du Congrès, pour une période de quatre années.

Pour être Président, les qualités requises sont les mêmes que pour être sénateur, sauf la rente qui n'est pas exigible, et la condition nécessaire d'avoir dix ans de domicile dans le pays. En vue des cas de maladie ou de mort, ou bien encore de vacance de la présidence, on élit deux Vice-Présidents, le premier et le second, de la même manière que le Président.

Le Président ne peut pas être réélu, ni élu Vice-Président, si ce n'est quatre ans après l'expiration de son mandat.

Au Pérou, le Congrès seul peut imposer des contributions ; quant aux garanties individuelles, la Constitution reconnaît celles qu'admettent les Constitutions les plus libérales des autres nations.

Tout individu né au Pérou ou à l'étranger, de parents péruviens, est citoyen péruvien. Ce titre est accordé, en outre : aux Espagnols qui résident au Pérou depuis l'Indépendance et aux étrangers, majeurs de vingt-un ans, qui exercent quelque industrie ou profession et s'inscrivent sur le registre civique.

Le ministère est choisi par le Président et comprend : un ministre du *Gouvernement*, de la *Police* et des *Travaux publics ;* un ministre des *Finances* et du *Commerce* ; un ministre de la *Justice*, *Bienfaisance* et *Instruction publique* ; un ministre de la *Guerre* et de la *Marine*, et un ministre des *Affaires étrangères*.

Le pouvoir judiciaire est exercé par les tribunaux et les Cours qui résident dans les lieux que détermine la loi. A Lima, qui est la capitale de la République, il y a une *Cour suprême de justice*; dans les chefs-lieux de départements, des

Cours supérieures, et dans les chefs-lieux de provinces, des *Cours de première instance*. Les membres de la Cour suprême sont proposés par le Congrès et nommés par le Président de la République ; ceux des Cours supérieures sont proposés par le Président et nommés par la Cour suprême, et enfin, les juges des Cours de première instance sont nommés par la Cour suprême.

La nation péruvienne, dit l'article 4 de la Constitution modifiée de 1860, professe la religion catholique apostolique et romaine. L'État la protége et ne permet pas l'exercice public d'un autre culte.

Le gouvernement péruvien ne s'oppose nullement à l'exercice privé de n'importe quelle religion.

Administrativement, le Pérou est divisé en dix-huit départements, deux provinces littorales et une province constitutionnelle.

Les dix-huit départements sont, en commençant par le nord : Piura, Amazonas, Lambayeque, Cajamarca, Libertad, Loreto, Ancacho, Huanuco, Lima, Junin, Ica, Huancavelica, Ayacucho, Cuzco, Apurimac, Puno, Arequipa, Tacna.

Les provinces littorales sont Moquegua et Tarapaca.

La province constitutionnelle est celle du Callao.

Tous ces départements se divisent en quatre-vingt-dix-sept provinces, lesquelles, à leur tour, sont subdivisées actuellement en 781 districts.

Le budget du Pérou, pour l'exercice bis annuel de 1876-78, calculé sur des sommes effectives, accuse 40 857 210, 32 soles pour les recettes, et 40 580 547, 60 soles pour les dépenses. Dans ces chiffres ne figure pas une entrée de 25 200 000 soles pour produit de guano, tant en Europe qu'à Maurice et dans les colonies, laquelle fait l'objet d'un pli additionnel, étant destinée à une application spéciale, qui est le paiement des avances faites sur ce produit.

La partie la plus nombreuse de la population du Pérou est constituée par la race indigène, qui, généralement, conserve encore son langage et ses coutumes. Le reste est formé par les descendants des Espagnols, plus ou moins mêlés avec les Indiens primitifs ou avec la race nègre, amenée comme esclave, des côtes d'Afrique, durant la période de la colonisation. Il est résulté de ces mélanges des races de couleurs très-diverses, parmi lesquelles on remarque surtout les *métis* ou *cholos*, nés des races blanche et indienne et le *mulâtre* ou *zambo*, né des races blanche et nègre. Ces races mêlées entre elles ont donné naissance à des divisions de sang dans les détails desquelles ce n'est pas ici le lieu d'entrer.

La langue de la nation péruvienne est l'espagnol, qui est parlé sur toute la côte ; mais dans l'intérieur et dans les régions peuplées exclusivement d'Indiens on parle le *Quechua*, et, dans un petit nombre de villages voisins de la Bolivie, on parle l'*Aymara*, ainsi que divers dialectes dérivés de ces deux langues.

PREMIÈRE PARTIE

LES FORCES PRODUCTIVES DE L'AGRICULTURE

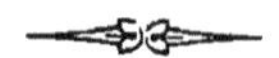

CHAPITRE PREMIER

LA TERRE

La Terre. — Compris, ainsi que nous venons de le dire, entre le 1er et le 22e degré de latitude sud, et s'étendant du 65e au 83e degré de longitude est, le Pérou est traversé, du nord au sud, par un système de hautes montagnes appartenant à l'immense chaîne des Andes et désignées généralement sous le nom de *Cordillère*. Par sa situation géographique et par l'aspect physique qu'il doit à son système orographique, le Pérou, bien qu'étant situé dans la zone torride, présente de grandes variations quant à son climat, qui offre toutes les nuances, depuis celles propres aux froides régions polaires jusqu'à celles qui caractérisent les chaudes contrées équatoriales. Les variations climatériques, au point de vue hygrométrique, ne sont pas moins étendues au Pérou que ne le sont celles de température : ici, il ne pleut jamais (dans le sens que l'on attache généralement au mot pleuvoir); la sécheresse du sol, pendant six mois de l'année, est comparable à celle des plus arides déserts; là, au contraire, l'humidité est extrême et les pluies y sont peut-être plus abondantes qu'en nul autre point du globe.

On comprend sans peine qu'avec des circonstances climatériques si différentes et si opposées, la vie animale, aussi bien que la vie végétale, se manifestent sur le sol péruvien dans des conditions très-variables selon les régions que l'on considère. Comme la Cordillère des Andes est située assez près de la côte du Pacifique, le voyageur peut, sur un parcours d'à peine cinquante lieues, voir défiler sous ses yeux les productions les plus diverses, depuis celles des froides régions alpines jusqu'à celles qui caractérisent la zone tropicale.

La production agricole et les procédés de culture varient évidemment avec les circonstances climatériques propres à chaque localité.

La Cordillère des Andes, qui traverse le Pérou du nord au sud, forme, comme on sait, deux chaînes parallèles ou presque parallèles : l'une reçoit le nom de *Cordillère orientale* ou *Première Cordillère*; l'autre celui de *Cordillère occidentale* (1) ou *Deuxième Cordillère*. Il résulte de là une division naturelle de tout le pays en trois zones bien distinctes, tant par leurs produits agricoles que par leur disposition topographique, aussi bien que par leur climat et, par conséquent, par leur faune et leur flore.

On désigne sous le nom de *Costa* la partie cisandine du Pérou, celle qui s'étend du nord au sud et qui, comprise entre la rive de l'océan Pacifique et la chaîne occidentale des Andes, s'élève, sur le versant ouest de cette chaîne, jusqu'à une hauteur de 1 500 à 2 000 mètres environ.

On appelle *Sierra*, la région intrandine située entre la Cordillère occidentale et la Cordillère orientale. Cette région est à une hauteur qui varie de 2 000 à 3 500 ou 4 000 mètres au-dessus du niveau de la mer.

On donne le nom de *Montaña* à toute la partie transandine du Pérou, c'est-à-dire à l'immense zone située dans le bassin de l'Océan Atlantique, à l'est de la Cordillère orientale. La hauteur de cette région varie entre 100 et 2 000 mètres au-dessus du niveau de la mer.

Ces trois bandes parallèles, *Costa, Sierra* et *Montaña*, que l'on pourrait encore subdiviser, offrent des caractères si tranchés, quant à leur production végétale, qu'elles constituent d'excellents points de repère pour l'étude agricole du pays.

La Sierra embrasse toute la région entre les deux cordillères et s'étend en outre sur le versant ouest de la Cordillère occidentale, jusqu'aux limites de la Costa, mais elle ne dépasse jamais le sommet de la Cordillère orientale et sa limite se trouve sur le versant ouest de cette cordillère. Il n'existe évidemment pas de ligne fixe de démarcation entre la Costa et la Sierra : la première ne s'étend pas jusqu'au point culminant de la cordillère occidentale, et la seconde n'est pas limitée à l'espace compris entre les deux cordillères, puisque ces deux régions ne sont pas des divisions administratives, mais bien des divisions naturelles établies d'après les différences que présente leur climat respectif.

La Costa est la région où il ne pleut pas. La Sierra commence là où commencent les pluies, en sorte que, s'il n'est pas possible de dire d'une manière précise où se trouve la ligne de démarcation des deux régions, le voyageur saura toujours s'il est dans la Costa ou dans la Sierra en regardant les toits des habitations : s'ils sont plats, ils appartiennent

(1) Bien que, généralement, on donne indistinctement aux deux Cordillères le nom de *Cordillères des Andes* et même que, sous ce nom, on désigne le plus souvent la Cordillère occidentale, il n'en est pas moins vrai que, dans les auteurs anciens, le nom de *Cordillère des Andes* est appliqué uniquement à la Cordillère orientale.

à celles de la Costa, et s'ils sont inclinés, en vue de faciliter l'écoulement des pluies, ils se trouvent dans la Sierra.

Pour mieux faire comprendre cette subdivision, purement didactique, il est vrai, nous supposerons qu'un voyageur, partant d'un point quelconque de la côte du Pacifique, se dirige vers l'est en suivant un parallèle, et, sommairement, nous décrirons sa pérégrination.

Il traversera d'abord une vaste plaine de sable, le plus souvent stérile, surtout s'il voyage en été, et s'il ne suit pas l'une des vallées est-ouest qu'exploite l'agriculture et qui semblent autant d'oasis semées au milieu de ce trop vaste désert.

Cette plaine est la Costa; elle s'élève graduellement, sur le flanc de la cordillère, jusqu'à une hauteur d'environ 1500 à 2000 mètres au-dessus du niveau de la mer.

Le voyageur sera averti qu'il arrive à cette limite par les changements qu'il notera dans la végétation : les plantes des régions tropicales qu'il a observées sur la côte disparaissent peu à peu et sont remplacées par des espèces des régions tempérées. Mais il sera surtout averti qu'il entre dans la Sierra s'il voyage d'octobre à mars, par des pluies fréquentes et copieuses qui caractérisent l'hiver de cette région, précisément au moment où la Costa est en plein été. En poursuivant sa route vers les neiges perpétuelles qui couronnent le front majestueux de la gigantesque cordillère, il notera que la végétation revêt un caractère de plus en plus alpin, jusqu'à ce qu'il arrive à une altitude d'environ 3 500 mètres, où le froid se fait déjà fortement sentir, surtout pendant la nuit, altitude qui lui sera facilement indiquée par les changements de la végétation et, surtout, par la disparition de la luzerne, qui semble propre à indiquer la limite de la Sierra occidentale.

C'est alors qu'en se disposant à escalader la cordillère, le voyageur entrera dans cette petite zone spéciale, appelée *Ceja de la Cordillera*, laquelle s'élève jusqu'à environ 4000 mètres au-dessus du niveau de la mer. Lorsque sa marche l'aura conduit à peu près au milieu de cette zone, à 3800 mètres environ, il remarquera que l'orge, la dernière plante cultivée qu'il avait observée depuis la Sierra, disparaît à son tour, sous l'influence d'un froid intense, qui ne lui permet pas de se développer dans de telles régions.

Durant tout le parcours à travers la *Ceja de la Cordillera*, il observera que la végétation devient de plus en plus humble : les deux derniers arbrisseaux, le *Sambucus Peruvianus* et le *Polylepis racemosa*, disparaissent à leur tour. Il ne reste plus que les rachitiques buissons des *Chuquiragua spinosa* et *microphylla*, d'un *Baccaris* (Tola) et les touffes épaisses du *Bolax glebaria*. En voyant la résine que sécrètent ces plantes, afin de se couvrir d'une espèce de vernis qui leur permette de résister à l'active évaporation qui résulte de la faible pression atmosphérique de ces hautes régions, le voyageur comprendra qu'il approche de la froide zone de la *Cordillera*, qui est comprise entre 4000 mètres et les pics les plus élevés de la gigantesque masse des Andes, lesquels peuvent atteindre près de 6000 mètres, heureux si les désagréables effets de l'air raréfié des hautes montagnes ne lui rappellent pas l'altitude à laquelle il se trouve déjà.

Dans cette zone et pendant la saison des pluies, il n'éprouvera durant la nuit qu'un froid relativement faible, le thermomètre atteignant rarement le zéro de son échelle ; mais pendant la saison sèche, le froid est beaucoup plus intense et le thermomètre marque souvent de 7 à 8 degrés au-dessous de zéro. Il n'est pas rare de le voir, en certains points, descendre jusqu'à 20 degrés au-dessous de zéro.

En traversant cette inhospitalière région, pour passer du versant occidental au versant oriental, il notera que la végétation ne se réduit plus qu'à quelques graminées : *Deyeuxia latifolia, Bromus Hankeanus*, etc. et à d'humbles plantes herbacées qui forment encore un tapis de verdure, et parmi lesquelles il distinguera les laineux *Culcitium canescens*, *rufescens* et *nivale*, et cette étrange composée, le *Cryptochœtes andicola* (Huamanripa), qui fleurit au milieu de la neige.

Les Phanérogames deviennent de plus en plus rares, et quand il les verra complétement ramplacées par les Cryptogames, qui lui rappelleront la végétation des régions polaires, il comprendra qu'il se trouve déjà à plus de 4 200 mètres au-dessus du niveau de la mer.

Ces Cryptogames, des *Lichens* généralement, l'accompagneront jusqu'aux neiges perpétuelles, et arrivé au point culminant de la Cordillère, à la ligne de séparation des eaux qui se précipitent au Pacifique de celles qui coulent à l'Atlantique, en dirigeant ses regards vers l'Est, il verra au loin apparaître la *Sierra intrandine,* région qu'il gagnera en descendant peu à peu jusqu'à 4 000 mètres, trajet durant lequel il pourra admirer la réapparition progressive de la vie, à mesure que augmentera la température.

A l'altitude de 4 000 mètres sur le versant Est de la Cordillère occidentale, il entrera dans une région spéciale qui correspond à la *Ceja de la Cordillera,* située de l'autre côté de la montagne, et qu'on désigne sous le nom de *Puna*. Cette région, comprise entre 4 500 et 3 500 mètres, est formée de vastes plaines plus ou moins accidentées dont la température maximum ne dépasse pas 2 degrés centigrades au-dessus de zéro, et dont la température minimum atteint 10 degrés au-dessous du zéro de la même échelle. Les immenses plaines de la Puna, dont le bassin du Titicaca offre un bel exemple, sont caractérisées par une végétation spéciale et peu variée. C'est là que l'on observe des plantes véritablement sociales comme l'Ichu (*Stipa Ichu*), plusieurs espèces de *Deyeuxia*, *Bromus*, *Avena*, *Poa*, etc., désignées sous le nom collectif de *Paja*, par les indigènes, et servant à l'alimentation d'immenses troupeaux qui constituent la principale richesse de cette partie du Pérou. Cette flore s'enrichit peu à peu à mesure que l'on descend vers la Sierra intrandine et bientôt apparaissent les champs cultivés où croissent abondamment l'orge (*Hordeum sativum*), l'Oca (*Oxalis crenata*), la Quinoa (*Chenopodium Quinoa*), la Papa (*Solanum tuberosum*), etc.

La Sierra intrandine est comprise entre 3 500 et 2 000 mètres d'altitude; la température maximum, au milieu du jour, est de 22 degrés centigrades, et la température minimum de la nuit n'est pas inférieure à 1 degré au-dessus du zéro de la même échelle. Ce n'est qu'exceptionellement et sous l'influence de circonstances topographiques particulières, que ces limites sont dépassées.

En continuant sa marche vers l'Est, le voyageur traversera toute la *Sierra intrandine* et s'elèvera progressivement sur les flancs de la Cordillère orientale qui le sépare encore de la féconde région des fôrêts vierges ou *Montaña*.

Durant cette nouvelle ascension, il observera les mêmes changements qu'il a notés déjà en gravissant la Cordillère occidentale. Arrivé au point culminant de cette seconde Cordillère et dirigeant son regard vers l'Est, il apercevra au loin la dernière et plus féconde zone de tout le Pérou, celle désignée sous le nom de *Montaña*, région privilégiée où la nature a déployé toute sa force créatrice et produit à l'infini les formes végétales les plus diverses et les plus capricieuses.

En abandonnant le sommet de la montagne, pour se diriger vers cet immense laboratoire dans lequel la nature exerce de mille manières ses forces productives et destructives, le voyageur, après être sorti de la froide région appelée *Cordillera*, entrera dans la zone désignée sous le nom de *Ceja de la Montaña*, qui, par sa situation, rappelle la *Ceja de la Cordillera* qu'il a déjà traversée en gravissant le versant ouest de la Cordillère occidentale. Mais cette analogie n'existe que quant à la situation, car le climat de la *Ceja de la Montaña* est bien différent de celui de la *Ceja de la Cordillera*, et le voyageur s'en apercevra immédiatement en examinant les types bien distiucts que présente la végétation. Avant même d'arriver dans cette zone, il avait pu observer de magnifiques Ericacées aux feuilles coraices et luisantes et aux fleurs brillantes les plus variées : *Gaylussaccia dependens*, *Vaccinium ramosissimum*, *V. floribundum*, *V. crenulatum*, *Gaultheria erecta*, *G. Glabra*, etc. Les belles fleurs roses du *Befaria ledifolia* annonceront au voyageur qu'il foule déjà le sol de la *Ceja de la Montaña*. Cette zone, comprise à peu près entre 2 000 et 1 000 mètres d'altitude, jouit d'une température moyenne qui, durant la saison des pluies, est d'environ 18 degrés centigrades, pendant le jour, et de 6 degrés de la même échelle pendant la nuit.

La *Ceja de la Montaña* est la région des Quinquinas (*Cinchona*), et c'est le *Cinchona ovata* qui se montre le premier et qu'annoncent de loin ses émanations embaumées. De charmants végétaux, dont l'énumération serait longue, peuplent cette zone du versant Est de la Cordillère orientale : *Thibaudia Nitida, T. Bicolor, Oreocallis grandiflora, Epidendrum Fernandesia, Gesneria picta, Alloplectus Sclinii, Cecropia peltata, etc. etc.*

Après avoir traversé cette magnifique zone, le voyageur que nous avons pris sur les bords du Pacifique est enfin arrivé à la région des forêts vierges, à la *Montaña*, comme l'appellent les Péruviens, région des productions de laquelle nous aurons l'occasion de nous occuper plus loin.

Influence du climat.—La région que l'on désigne, au Pérou, sous le nom de *Costa*, jouit d'un climat tout particulier qui, de toute part, imprime son caractère.

On n'observe pas dans cette partie du Pérou les végétaux qui caractérisent généralement les régions tropicales, principalement celles qui se rapprochent de l'Equateur. La flore, au lieu d'être entièrement distincte de celle des régions tempérées, offre un aspect en quelque sorte intermédiaire : elle est moins intertropicale et plus boréale que celle qui caractérise un grand nombre de pays de situation géographique analogue. Les plantes cultivées des régions chaudes s'y acclimatent presque aussi bien que celles des régions tempérées, et l'agriculture a introduit sur la côte péruvienne un grand nombre de plantes de diverses contrées de l'Asie et de l'Europe : la canne à sucre, le café, le riz, le ramié, la vigne, le pommier, le poirier, le pêcher, les rosiers, etc. Un grand nombre de mauvaises herbes de l'Europe centrale et méridionale croissent dans les jardins et les terrains cultivés de la Costa, aussi bien, sinon mieux, que dans leur propre patrie.

Parmi ces inutiles émigrants qui ont accompagné l'homme européen au Pérou, on peut citer : *Senecio vulgaris, Fumaria officinalis, Euphorbia Peplus, Calystegia sæpium, Nasturtium officinale, Plantago major, Verbena officinalis, Urtica urens, Raphanistrum arvense, Capsella Bursa-pastoris, Amarantus spinosus, Solanum nigrum, Brassica campestris, etc., etc.*

En outre, un grand nombre de genres d'Europe ont des représentants sur la côte du Pérou. On peut citer, par exemple, les genres *Juglans, Salix, Ficus, Spartium, Salicornia, Suæda, Juncus, Typha, Rubus, Galium, etc., etc.* Quelle différence entre la Costa du Pérou et diverses autres régions de situation géographique analogue, ou à peu près analogue, la côte du Brésil, par exemple ! D'une part, une végétation herbacée, souffreteuse, plus ou moins rachitique ; de l'autre, grâce à l'union de l'humidité et d'une forte chaleur, une végétation, qui revêt un caractère essentiellement arborescent, et transforme en épaisses et hautes forêts ces terres privilégiées, dont l'aspect excite l'admiration et l'enthousiasme de ceux qui les contemplent pour la première fois.

Il est vrai que si le climat de la côte du Pérou ne permet pas à ses habitants de jouir du spectacle enchanteur qu'offrent les régions comme celles que nous venons de citer, il présente, au point de vue agricole, des avantages que l'on ne trouve pas dans les pays où une chaleur forte et constante s'unit à des pluies fréquentes et copieuses. Ainsi, on y observe plus de simultanéité dans les récoltes, car l'activité végétative y est plus interrompue et moins incessante ; le sol n'y revêt pas le caractère marécageux de ceux qui sont arrosés par des pluies abondantes et fréquentes ; les terrains n'étant pas soumis à de perpétuelles chaleurs et constamment lavés par des pluies copieuses, y perdent moins rapidement leurs principes fertilisants. Enfin, il faut remarquer aussi que sur la côte du Pérou, on n'est pas soumis à la plaie des insectes et on n'a que peu à redouter leurs ravages, soit sur les plantes vivantes, soit sur les récoltes emmagasinées. En outre, si les produits du sol sont quelquefois moins abondants que ceux d'autres régions subtropicales, leur valeur, au point de vue alimentaire ou industriel, est supérieure.

Dans la Sierra, le climat est bien différent et se rapproche beaucoup plus du climat des pays tempérés par ses pluies et par ses variations de température. La saison des pluies dure du mois d'octobre au mois d'avril. La végétation sauvage de la Sierra est suffisamment différente de celle de la Costa et offre de très-grandes variations, selon la hauteur à laquelle on l'observe. Il en est de même évidemment de l'agriculture : cette industrie se livre à la culture de plantes, qui, selon les régions, sont les mêmes que celles que cultive l'agriculture de la Costa, ainsi qu'on l'observe dans de chaudes gorges de la Cordillère, ou sont complétement différentes et en tout analogues à celles des régions tempérées, ainsi que nous le verrons plus loin.

Quant à la Montaña, elle offre encore un climat différent caractérisé surtout par une forte chaleur et par une humidité considérable. Il résulte de ce climat une végétation tout à fait spéciale et essentiellement tropicale.

L'agriculture de la Montaña, fort peu développée jusqu'à ce jour, fournit les produits les plus variés et dans des conditions tout à fait spéciales, surtout, quant à la rapidité avec laquelle les plantes s'y développent et mûrissent leurs fruits. La canne à sucre y mûrit en 10 ou 12 mois, le riz en 5, le maïs mûrit en 4 mois et peut donner 3 récoltes par an sur le même terrain. Après 3 ans de semis, le café donne des fruits et la récolte est constante et permanente pendant 30 ou 40 années, les arbrisseaux étant toujours couverts de fleurs et de fruits à tous les états de développement. Le tabac y donne 3 récoltes annuelles.

Grâce aux conditions atmosphériques de la Montaña et à son sol vierge qui, depuis des siècles, se couvre d'éléments de fertilité, la végétation offre dans cette zone une étonnante intensité ; sans contredit, la flore de cette belle région est l'une des plus riche du monde et, peut être aussi, l'une des moins étudiées.

Pluies, Sécheresse, Chaleurs et Froids. — Il ne pleut jamais sur la côte du Pérou, ou presque jamais, au moins si l'on conserve au mot pleuvoir l'acception dans laquelle on l'emploie généralement. La pluie, qui tombe dans la Costa pendant la saison d'hiver, ne ressemble en effet, en rien à celle des pays tempérés et moins encore à celle des régions tropicales. Elle consiste en une forte brume qui, sous l'influence du refroidissement progressif de l'atmosphère, se change en une espèce de pluie très-fine, laquelle, par sa continuité, finit par mouiller le sol, qui ne saurait se sécher, au milieu d'une atmosphère que l'abaisement de la température a amenée au voisinage de la saturation. Cette fine pluie détermine la germination d'une foule de graines enfouies dans le ol poudreux, en compagnie de bulbes et de tubercules qui, en se développant, couvrent bientôt d'une riante végétation la plupart des déserts, de sable et des arides montagnes de la côte du Pacifique.

On donne, au Pérou, le nom de *Garruas* à ces pluies fines, pénétrantes et des plus désagréables, car elles correspondent toujours avec un abaisement notable de la température et produisent sur l'organisme une pénible sensation de froid.

Bien que les quatre saisons ne soient pas très caractérisées sur la côte du Pacifique, on y distingue cependant deux périodes bien séparées : *l'été* et *l'hiver*, embrassant chacune deux saisons. L'été commence au mois de décembre et finit au mois de juin; l'hiver commence en juillet et finit en novembre : 6 mois d'été et 6 mois d'hiver, par conséquent.

Pendent l'été, la sécheresse du sol est absolue. La végétation hivernale disparaît et l'aridité se montre de toute part, à l'exception de quelques petites vallées, situées çà et là sur la côte, desquelles la culture s'est emparée et que, grâce aux eaux d'irrigation, elle a pu transformer en riantes oasis, bien utiles pour diminuer un peu la tristesse qui s'empare du voyageur, surtout du botaniste, qui visite, pour la première fois, la côte du Pacifique.

Cette absence de pluies copieuses, qui est une des circonstances climatériques les plus caractéristiques de la Costa, exerce une grande influence sur l'agriculture de cette région. Il ne paraît nullement douteux qu'en des temps fort reculés, des pluies abondantes aient arrosé la côte du Pérou, principalement la partie nord ; on observe, en effet, sur les bords du Pacifique, de fréquents dépôts de houille qui expliquent l'existence, dans cette région, d'une puissante végétation. D'ailleurs la situation cosmographique de la côte du Pérou autorise à accorder à l'hypothèse sur l'existence de ces pluies presque toute la valeur d'une certitude.

Tout le monde sait, en effet, que l'atmosphère absorbe et tient en suspension des quantités de vapeur d'eau quelquefois considérables ; on sait, en outre, que cette quantité de vapeur augmente avec l'élévation de la température et même que cette augmentation se vérifie dans des proportions supérieures à l'accroissement de la chaleur. Il résulte de là que quand deux volumes d'air également saturés d'humidité et à des températures différentes viennent à se mêler, il se forme des nuages et de la pluie, puisque, par suite de la température moyenne que détermine ce mélange des deux airs humides, la vapeur d'eau en excès, dans le volume d'air le plus chaud, doit s'échapper et se condenser plus ou moins, sous forme de nuages ou de pluie, quand elle est suffisamment abondante et que la différence de température entre les deux volumes d'air est assez considérable.

On peut déduire de là que les pluies doivent être plus copieuses et plus fréquentes, à mesure qu'elles avancent des pôles vers l'équateur. C'est, en effet, ce que vient attester l'expérience, qui montre que la quantité moyenne des pluies qui tombent à l'équateur est à peu près trois fois plus grande que celle des pluies qui tombent sous le 45e parallèle. La Costa du Pérou étant comprise entre le 3e et le 22e degré de longitude sud, on ne doit pas, selon nous, attribuer son manque de pluies aux circonstances atmosphériques et cosmographiques normales, et nous pensons que c'est dans les causes perturbatrices qu'il faut en chercher l'explication.

Un autre caractère frappant du climat de la *Costa* (région occidentale du Pérou), c'est le chiffre relativement faible de la température moyenne et la courte étendue du champ des variations de l'échelle thermométrique dans cette région. La température, en effet, y est très-uniforme et l'on peut dire que, durant les plus fortes chaleurs de l'été, elle ne passe pas de 25 à 30 degrés centigrades, à l'ombre. bien entendu, et que les plus grands froids, de ce que l'on est convenu d'appeler hiver, ne vont guère au-delà de 15 à 13 degrés au-dessus du zéro de la même échelle thermométrique.

La température moyenne annuelle varie de 18 à 20 degrés centigrades, selon les points que l'on considère. A Lima, elle est de 19 degrés.

Au moment même où nous écrivions ces lignes, au commencement de l'année 1877, le soleil dardait ses rayons avec une vigueur telle qu'il paraissait vouloir s'efforcer de nous donner un démenti. Malgré cela, le thermomètre, à l'ombre, n'a pu dépasser 29, 5 degrés centigrades, au moins quand les observations ont été faites rigoureusement. Cette forte chaleur, tout exceptionnelle pour le Pérou, doit être attribuée, sans nul doute, à l'absence de taches sur le disque solaire, et elle a été d'autant plus sensible à Lima, par exemple, où nous nous trouvions à cette époque, que les vents chauds du nord soufflaient plus fréquemment que de coutume.

On comprendra facilement ces faibles variations de la température estiale et hivernale de la Costa, si l'on tient compte de sa situation géographique. Il est clair, en effet que, outre les causes astronomiques propres à tous les pays intertropicaux qui ne sont pas à une grande hauteur, et, par conséquent, tendent à uniformiser leur température d'été et d'hiver, la Costa doit le climat insulaire dont elle jouit à son voisinage du Pacifique, dont les eaux, d'une température beaucoup plus égale que celle des continents, permettent aux brises de mer de tempérer le froid de l'hiver aussi bien que la trop grande chaleur de l'été, d'où les hivers de la côte péruvienne, plus doux et les étés moins chauds que ceux de régions continentales de même altitude et de situation géographique analogue.

Le climat de la Sierra est bien différent, avons-nous dit, de celui de la Costa. Il varie naturellement avec la hauteur des points que l'on considère au-dessus du niveau de la mer, et avec les diverses circonstances dues à leur système orographique. La Sierra, en effet, comprend une très-vaste étendue du territoire péruvien, et en outre, elle est constituée par la partie montagneuse la plus accidentée de ce territoire: les hauts et froids plateaux (*Punas*), s'y alternent avec de profondes et chaudes vallées au milieu desquelles la végétation offre tous les types de celle de la Costa et présente même un caractère plus intertropical que dans cette dernière région, attendu que dans certaine de ces vallées, dans celle du *Marañon*, par exemple, la température est plus élevée que sur les bords du Pacifique.

C'est dans cette région du Pérou que l'observateur peut contempler successivement, et durant un trajet de quelques lieues seulement, les produits de la zone tropicale, ceux des régions tempérées et enfin ceux des hautes et froides régions alpines, produits qui atteignent progressivement les hauts sommets de la Cordillère et viennent mourir au pied des glaciers qui couronnent les pics élevés de la chaîne des Andes.

Nulle part, le climat offre des variations plus subites et plus fréquentes que dans la Sierra; nulle part non plus, les produits du sol n'offrent des contrastes plus frappants. Ici, croissent la canne à sucre, le café et la coca; à quelques pas plus loin, on trouve l'orge, le froment, la luzerne et la pomme de terre.

Il est assez difficile de donner les limites exactes de cette zone si particulière que l'on est généralement convenu d'appeler, au Pérou, Sierra. Elle est comprise, avons nous dit, entre les deux Cordillères, mais elle n'est pas limitée par les points culminants, c'est-à-dire par la ligne de division des eaux de ces deux chaînes; elle s'étend aussi sur le versant ouest de la Cordillère occidentale.

On peut dire que, sur la côte, la Sierra commence là où les pluies commencent à tomber; c'est sa vraie limite. On peut estimer que la courbe de cette limite est située, ainsi que nous l'avons déjà dit, à une hauteur de 1 500 à 2 000 mètres environ au-dessus du niveau de la mer. Le climat de la Sierra est celui des régions tempérées. Le thermomètre y varie de 1 à 22 degrés au-dessus de zéro.

Quant à la séparation de la Sierra et de la région appelée Montaña, on peut admettre qu'elle est là où commencent les forêts vierges, ou, plus exactement, sur le versant Est de la Cordillère orientale et qu'elle est indiquée par une ligne située environ à 3 000 mètres au-dessus du niveau de l'Océan.

La Montaña jouit d'un climat particulièrement propre aux régions tropicales. Les pluies y sont fréquentes et copieuses. L'air y est presque constamment saturé d'humidité, et c'est cette humidité qui, jointe à la forte chaleur de cette région et à la fertilité du sol, donne à la végétation cette activité et cette vigueur que l'on ne retrouve nulle part ailleurs. Mais si la nature est féconde dans ses productions sous le ciel de la Montaña, elle est également énergique et prompte dans ses destructions. L'humidité et la chaleur sont des agents puissants de fermentation, de décomposition et de destruction des tissus organisés. La Montaña offre des exemples frappants de ces décompositions rapides, qui restituent au sol les éléments que lui enlève la végétation, éléments qui entrent immédiatement dans des combinaisons minérales nouvelles et de nouveau servent à la manifestation de la vie organique, établissant ainsi une espèce de tourbillon, un mouvement ncessant de la matière tour à tour brute et organisée.

Températures maxima, moyennes et minima. — Les observations thermométriques sont assez rares au Pérou, au moins les observations suivies qui permettent de calculer des moyennes.

A Lima, cependant, M. Raimondi en a fait de fréquentes et il résulte de ses calculs que la température maximum de cette ville est comprise entre 29 degrés et 29,5 degrés centigrades.

Elle n'atteint pas 30 degrés centigrades. La température minimum est généralement de 13 degrés ; cependant il arrive quelquefois qu'elle descend jusqu'à 12 degrés au-dessus de zéro. La température moyenne annuelle est de 19 degrés, température réellement faible pour un point comme Lima, situé par 12 degrés environ de latitude Sud. Ce phénomène peut être attribué à trois causes : les vents froids du Sud, qui sont les plus constants ; le courant de Humboldt, qui charrie, également du Sud, une grande masse d'eau froide, qui, passant très-près de la côte, rafraîchit l'atmosphère ; enfin la direction générale de la côte qui est presque S-E. N-O., de sorte que les vents du Nord soufflent du continent et arrivent à la côte après s'être considérablement refroidis, en passant dans le voisinage des sommets glacés de la Cordillère.

Durée et épaisseur des neiges, altitudes-limites des plantes cultivées. — Les neiges sont inconnues dans les régions de la Costa et de la Montaña. Dans la Cordillera et dans les régions très élevées de la Sierra, elles sont plus ou moins fréquentes et plus ou moins abondantes selon les altitudes. Il est bien difficile de donner une altitude-limite des plantes cultivées. Cette altitude varie d'une manière notable avec les régions que l'on considère. On sait, en effet, que les lignes isothermiques ne sont point parallèles aux lignes d'égale altitude. Le niveau même des neiges perpétuelles varie notablement sur divers points de la chaîne des Andes. Presque partout, il dépasse 5 000 mètres au-dessus du niveau de la mer ; néanmoins dans certaines régions, comme par exemple dans le Département d'Ancachs, il descend jusqu'à 4 000 mètres (passage de Yanganaco sur Yungay) et même jusqu'à 4 690 mètres (passage de Tambillo entre Recuay et Huari). En général, le niveau des neiges perpétuelles de la chaîne des Andes est moins élevé sur le versant oriental que sur l'occidental. Quelquefois, cependant, c'est le contraire qui a lieu, par suite des accidents géographiques locaux. Ainsi, dans le même département d'Ancachs, la Cordillère forme deux rameaux parallèles entre lesquels est comprise la fertile et belle région connue sous le nom de *Callejon de Huaylas*. Le rameau oriental appelé *Cordillera nevada* est beaucoup plus élevé que l'occidental, que l'on désigne sous le nom de *Cordillera negra*.

Les neiges perpétuelles dans cette partie de la Cordillère se trouvent à un niveau moins élevé sur le versant occidental que sur l'oriental, par suite de la présence de la Cordillera negra, qui défend la Cordillera nevada de l'action des vents chauds de la côte du Pacifique, lesquels déterminent ordinairement, quand ils ne rencontrent pas d'obstacle, la fonte des neiges du versant occidental des Andes. C'est pour cette raison que les neiges perpétuelles qui descendent jusqu'à 4 690 mètres sur le versant occidental de la Cordillera nevada n'existent pas sur les pics de 5 000 mètres de hauteur de la Cordillera negra, qui lui est parallèle et qui est située à une faible distance Ouest de la première.

Cette action de certaines circonstances topographiques sur le niveau des neiges perpétuelles est mise en évidence par quelques faits observés dans le même département par M. Raimondi. Ainsi, bien que la Cordillera negra soit dépourvue de neiges perpétuelles, elle offre certains points où l'eau se solidifie au-dessous du niveau du sol et persiste toute l'année dans cet état. C'est ce que l'on peut voir dans la mine dite *El Toro*, située sur le mont *Huanca peti* au sommet de la Cordillère noire du département d'Ancachs, entre Recuay et Aija. Il y a de la glace perpétuelle dans cette mine jusqu'à une profondeur de 50 mètres environ, qui correspond à une hauteur de 4 800 mètres au-dessus du niveau de la mer. Au mont *Dayush*, situé dans la province de *Huari*, du département d'Ancachs, il existe un glacier souterrain à 4 872 mètres au-dessus du niveau de la mer. L'eau d'infiltration se congèle dans les cavités de cette montagne, et dans les fissures des rochers, où les habitants de la vallée pénètrent pour s'approvisionner de glace. On peut estimer que le niveau de la glace perpétuelle dans cette montagne, ainsi que dans toutes les autres du même département, est à 4 800 mètres au-dessus du niveau de la mer.

En général, quand il y a au pied de la Cordillère de grands déserts de sable, ces déserts déterminent l'élévation des neiges éternelles en desséchant l'air qui amène la vaporisation de la neige même: c'est ce qui arrive, par exemple, sur le *Misti*, près d'*Arequipa*. Bien que cette montagne mesure 5 713 mètres, les neiges qui, pendant quelques mois, couvrent son sommet, ne sont point perpétuelles, ou mieux disparaissent presque totalement à certaines époques, de sorte que cette hauteur de 5 713 mètres peut être considérée, pour ce point de la Cordillère, comme limite des neiges perpétuelles.

Les altitudes que ne dépasse pas la culture de certaines plantes sont, ainsi que nous l'avons déjà dit, très-variables, selon les lieux. Ainsi, dans telle vallée, les fruits, comme la Chirimolla (*Annonas Cherimolla*), la Granadilla (*Passiflora ligularis*), ne dépasseront pas, de 1 500 à 2 000 mètres au-dessus du niveau de la mer, tandis que, dans telle autre vallée, dans les chaudes gorges de celle du Marañon, par exemple, on les retrouvera a des altitudes beaucoup plus considérables. Sur le versant Ouest de la Cordillère occidentale, la luzerne disparaît à 3 500 mètres au-dessus du niveau de la mer, c'est-à-dire à la limite de la Sierra occidentale et de la Ceja de la Cordillera. A 3 800 mètres, l'orge, qui est celle des plantes cultivées qui supporte le mieux les plus grandes altitudes, disparaît à son tour.

En général, à ces limites extrêmes, l'orge est cultivé uniquement comme fourrage, car l'intensité du froid ne lui permet que rarement de mûrir ses fruits.

Fertilité exprimée par les récoltes maxima et minima. — La statistique agricole n'est qu'à sa naissance au Pérou. C'est l'un de ces éléments de progrès qui, bien qu'ayant une haute importance pour les études d'économie politique qui se rapportent à la production, n'a été mis en œuvre qu'assez tardivement pour qu'on ne puisse pas encore recourir à ses données.

Il résulte de là que l'administration, ignorant presque complétement l'état de la production agricole ne peut, pour le moment, s'occuper utilement d'introduire des réformes qui amélioreraient certainement cette production et augmenterait le bien-être économique du pays.

Le Gouvernement, comprenant tous les inconvénients d'une telle lacune, appela au Pérou, il y a quelque temps, l'un des chefs de bureau de la statistique du Ministère de l'agriculture et du commerce de France, en vue d'établir la statistique officielle de la République. Les deux premières années que la direction de statistique, attachée au Ministère de l'intérieur et des travaux publics de Lima, compte d'existence, ont été consacrées à l'étude du mouvement de la population et à la confection du recensement qui a eu lieu en 1876 et dont les résultats seront prochainement publiés avec tous les détails qu'ils comportent.

Sur la côte, seul point où, jusqu'à ce jour, l'agriculture ait pris un grand développement, on peut considérer le sol comme très-fertile, bien que, sur certains points, les récoltes successives d'une même plante l'aient épuisé, à n'en pas douter, de quelques-uns de ses éléments de fertilité. Aussi, certaines récoltes ont-elles diminué d'une manière considérable depuis quelques années, telle, par exemple, que celle de la pomme de terre; nous ne doutons nullement que les mauvaises récoltes actuelles de pommes de terre sur la côte doivent être attribuées à l'épuisement, ou au moins à une considérable diminution, de certains principes du sol, la potasse et l'acide phosphorique probablement. Cet épuisement est inévitable, car dans toute cette région la pratique de restituer au sol, par les engrais, les éléments que lui font perdre les récoltes successives, est presque complétment négligée, au moins dans la grande culture.

Au siècle passé, on cultivait le blé sur une grande partie de la côte du Pérou. Les rendements ont diminué progressivement et comme cette diminution correspondait avec plusieurs forts tremblements de terre, on a attribué à ces phénomènes l'insuccès des récoltes de céréales et on en a abandonné la culture. Il est permis de croire que c'est l'épuisement de la terre, à laquelle on ne restituait pas les principes azotés, qu'enlevaient les récoltes successives de froment, qui a déterminé cette diminution des rendements, et non les secousses plus ou moins violentes que le sol a pu éprouver.

C'est surtout la canne à sucre qui, sur la côte du Pérou, donne des résultats surprenants qui permettent de considérer cette région comme l'un des pays de prédilection de cette intéressante graminée saccharifère. Cuba, la Martinique et les Antilles, en général, ne donnent pas plus de 2 500 kilogrammes de sucre par hectare de terrain planté de cannes. A la Guadeloupe, le rendement atteint cependant et dépasse même quelquefois 3 000 kilogrammes.

A la Réunion, on obtient jusqu'à 5 000 kilog. de sucre par hectare de cannes. Au Brésil, que l'on peut considérer comme le paradis de la canne, la récolte d'un an donne par hectare 6 000 kilos et celle de 15 mois atteint 7 500 kilogrammes de produit sucre à l'hectare. Au Pérou, on obtient sur certains points des rendements plus forts encore, et nous ne pensons pas exagérer en disant que les exploitations qui travaillent avec des machines et selon des méthodes perfectionnées obtiennent des rendements en produit sucre qui atteignent 8 000 kilogrammes par hectare de terre cultivée, et souvent dépassent ce chiffre, ce qui correspond à une production de 80 tonnes de canne à l'hectare. Nous ne connaisons pas de rendements supérieurs dans aucun des pays où l'on cultive la canne à sucre, et nous ajouterons que nous ne doutons nullement que cet énorme rendement puisse s'accroître encore par l'introduction d'améliorations tant dans la culture de la canne que dans les procédés de la fabrication du sucre.

Ces chiffres n'ont absolument rien d'exagéré, et toutes les personnes qui connaissent le Pérou savent que les producteurs de sucre retirent, terme moyen, de 500 à 600 quintaux espagnols de 46 kilogrammes de sucre par fanegada, ou deux hectares 89 ares 84 centiares de terrain, soit 23 000 à 27 000 kilogr. par fanegada, ou de 7 903 à 9 517 kilogrammes de produit sucre par hectare, correspondant à un rendement de 79 à 95 tonnes de canne à l'hectare.

Nous pourrions citer le département de la « Libertad » où l'on obtient quelquefois de 800 à 900 quintaux de sucre par fanegada, c'est-à-dire 13 379 à 14 275 kilogrammes de sucre à l'hectare correspondant à une production de 133 à 142 tonnes de canne.

En 1876, l'hacienda de « Sauzal » de M. L. Albrecht a rendu 1 000 quintaux de sucre concret par fanegada, c'est-à-dire plus de 15 800 kilogrammes par hectare, ce qui correspond à une production de 158 tonnes à l'hectare, en admettant que l'usine de Sauzal obtienne en produit sucre 10 0/0 du poids de la canne.

Plantes qui prédominent dans les terres incultes. — La flore du Pérou, qui est, sans contredit, l'une des plus riches du monde, n'est certainement pas l'une des mieux connues, malgré les importants travaux qui lui ont déjà été consacrés. C'est surtout dans la région transandine et sur les flancs mêmes de la Cordillère que la variété des espèces est considérable. Sur la côte, au contraire, leur nombre est assez limité et les plantes qu'on y observe sont loin d'offrir au naturaliste l'intérêt de celles de la Cordillère et des forêts vierges du bassin de l'Atlantique.

Les migrations de l'homme européen sur la côte, beaucoup plus fréquentes que sur nul autre point du Pérou, ainsi que les travaux agricoles auxquels est soumise cette région, ont imprimé à sa flore un caractère particulier qui fait que ce ne sont pas toujours les espèces indigènes qui dominent, mais bien certaines plantes de l'Europe centrale et méridionale qui ont suivi l'homme dans ses migrations et se sont acclimatées avec une remarquable facilité sur les bords du Pacifique.

Si l'on quitte la Costa et que l'on s'élève à une hauteur de 2 000 à 3 500 mètres, c'est-à-dire jusqu'aux limites de la Sierra, on voit la végétation sauvage changer de caractère : les espèces se multiplient avec une étonnante rapidité.

Les plantes des régions tropicales disparaissent, à l'exception des Cactées, qui persistent encore. Les plantes de la partie la plus élevée de la Costa se retrouvent dans la partie la plus basse de la Sierra, car il n'y a évidemment aucune ligne de démarcation bien tranchée entre la végétation sylvestre de ces deux régions. Les genres persistent le plus souvent, mais les espèces délicates sont remplacées par des espèces plus robustes.

Dans la région de la Montaña, la végétation prend tous les caractères de vigueur et de variété de la végétation des régions tropicales. Au milieu d'une atmosphère chaude et humide, elle est constamment en activité. Là, croissent, à l'état sauvage, un grand nombre de plantes utilisées par les habitants, et, sans doute, un plus grand nombre encore qui pourraient l'être, si cette vaste région était plus accessible, mieux étudiée et plus peuplée.

La liste des plantes qui croissent spontanément dans la Montaña serait bien longue à faire. Tout le monde a lu les tableaux enchanteurs que des plumes habiles ont faits de la végétation des forêts vierges de l'Amérique tropicale. Cette végétation si luxuriante de toutes parts couvre le sol et forme même des étages superposés, des forêts au-dessus d'autres forêts. Les herbes et les arbustes croissent à l'ombre des grands arbres qui sont eux-mêmes dominés par l'élégante cime des palmiers à stipe long et aminci.

Constitution de la propriété en grands ou petits domaines. — Le manque de statistique et de cadastre rend bien difficile l'étude de la division de la propriété au Pérou. On y trouve de vastes domaines appartenant à un même individu ou à une même famille, domaines dont l'étendue est expliquée suffisamment par l'origine même de la propriété dans ce pays. Ces vastes étendues de terre, le plus souvent presque totalement inexploitées faute d'eau et faute de bras, se transmettent de pères en fils depuis la conquête, et l'on cherche chaque jour à les augmenter afin de se débarrasser de voisins qui sont souvent un obstacle à la bonne exploitation du sol. Il existe, dans le nord, des propriétés dont la superficie ne mesure pas moins de 2 000 kilomètres carrés. Il en existe une, l'hacienda de Mancora, qui mesure environ 50 000 kilomètres carrés.

Nous n'hésitons pas à considérer une telle constitution de la propriété, qui met la plus grande partie du sol cultivable entre les mains d'un petit nombre de familles, comme l'une des causes les plus puissantes de celles qui sont capables d'arrêter le progrès de l'agriculture péruvienne.

Il est certain que la division de la propriété présente sur la côte du Pérou de graves inconvénients. Le principal de tous est celui qu'apporte la distribution des eaux d'irrigation, distribution qui, avec un petit nombre de propriétaires, est déjà, dans certaines parties de la côte, une source de querelles et même de rixes plus ou moins sanglantes et qui deviendrait une véritable calamité si le nombre des possesseurs du sol se multipliait.

C'est du moins l'opinion de presque tous les propriétaires, qui ajoutent qu'au lieu de songer à diviser leurs domaines, ils cherchent à les augmenter le plus qu'ils peuvent, afin de se rendre maîtres d'une vallée entière par l'élimination successive de voisins gênants qui sont un obstacle pour l'exploitation du sol, à cause, précisément, des eaux d'irrigation qu'ils détournent et volent à leur profit et à main armée quelquefois, déterminant ainsi la perte totale ou partielle de la récolte semée en vue de ces eaux.

Sans doute, c'est là un grand obstacle, mais nous ne le croyons pas insurmontable. S'il est, en effet, difficile ou même impossible de modifier les ordonnances ou règlements de distribution des eaux d'irrigation là où ils existent, il nous parait fort possible, bien que difficile, toutefois, de les établir là où il n'en existe pas.

Or, si l'on excepte la vallée du Rimac, au milieu de laquelle est située Lima, et celle de Chicama dans le département de la Libertad, il n'existe pas, au moins que nous sachions, de règlements précis de distribution des eaux d'irrigation sur toute la côte de Pérou.

Si des circonstances qu'il est sage de prévoir, tout en faisant des vœux pour qu'elles ne se présentent pas, venaient à surgir, telles que le manque de bras, par exemple, qui est l'un des points les plus obscurs de l'horizon agricole de la côte du Pérou, il faudrait bien, pourtant, arriver à diviser le sol, sinon comme propriété territoriale, au moins comme propriété d'exploitation; il faudrait bien, en un mot, recourir au système de fermage, de métayage ou de location, qui permettrait au travailleur libre de s'établir sur la côte, au plus grand profit, selon nous, de l'agriculture de cette région.

Que l'on ne nous dise pas que la grande culture, la culture industrielle, celle de la canne à sucre, par exemple, ne saurait admettre un tel système d'exploitation, car nous croyons fermement qu'un tel dire n'est pas fondé. Les grandes exploitations sucrières perdraient, à leur profit, le caractère qu'elles revêtent aujourd'hui (au mépris des lois économiques qui recommandent l'association et la division du travail) d'être productrices de la matière première et, en même temps, manufacturière de cette matière.

L'industrie sucrière ferait pour la canne ce qu'elle a fait en Europe pour la betterave : la culture d'une part, la manufacture de l'autre. Et, d'ailleurs, ne l'a-t-elle pas déjà fait avec succès aux Antilles, au Brésil et à Maurice? Qui empêche à chaque fabrique de sucre de la côte de devenir une usine centrale qui achètera la canne de ses fermiers, de ses métayers et de ses locataires? Tout cela ne nous paraît qu'une affaire de réglementation intérieure de chaque exploitation ou hacienda, réglementation qui reconnaîtra pour base une loi sage et équitable des baux. Quant à la question des eaux d'irrigation, une fois leur distribution réglementée pour chaque vallée, ce n'est plus qu'une affaire de police rurale qui entre dans le domaine plus général de la garantie de la propriété, de la sûreté et de l'ordre public, triple bouclier que tout gouvernement est tenu de fournir à ses administrés.

Si l'émigration européenne ou l'émigration asiatique pouvait acquérir sur la côte du Pacifique des terrains cultivables, en toute propriété ou simplement en location, il ne nous semble pas douteux que l'agriculture de cette région gagnerait considérablement à une telle division de la propriété d'exploitation. Le travail est beaucoup plus assidu et beaucoup plus fécond quand il participe aux profits qu'il produit, et cela en agriculture plus qu'en nulle autre industrie.

Valeur foncière et locative. — La valeur foncière de la propriété est très-variable au Pérou, immense État de plus de 60 000 lieues carrées, et qui ne compte que 3 000 000 d'habitants civilisés, y compris les étrangers (2 699 945). C'est la propriété de la Costa qui a le plus de valeur et dont la location est le plus considérable; encore y note-t-on d'importantes différences d'un point à un autre. Ces différences sont dues au voisinage des grandes populations, au rapport qui existe entre ces populations et l'étendue des terres cultivables, et surtout à la facilité d'amener ou à la perspective d'obtenir l'eau nécessaire pour les irrigations.

Quant à la valeur locative, elle reste plus ou moins proportionnelle à la valeur foncière, tout en subissant cependant l'influence de certaines circonstances locales comme la proximité avec les centres de consommation et la densité de la population, ainsi que plusieurs habitudes et besoins des consommateurs. Toutes deux d'ailleurs sont soumises à des variations dues à la fertilité du sol, à la situation de la propriété relativement aux voies de communication, à l'état et commodité de ces voies, etc.

Il résulte de là qu'il est assez difficile d'indiquer d'une manière exacte la valeur foncière et la valeur locative de la propriété au Pérou, du moins pour le moment, et jusqu'à ce qu'une bonne statistique agricole vienne fournir les éléments de ces indications.

Les valeurs foncière et locative de la propriété ont augmenté, depuis quelque temps, d'une manière considérable sur la côte du Pérou. Cette augmentation doit être attribuée principalement au grand développement que l'on a donné dans cette région à la culture industrielle de la canne à sucre et aux beaux bénéfices que promet cette culture l'une des mieux appropriées à la côte du Pérou, que l'on peut considérer, ainsi que nous l'avons déjà dit, comme un lieu de prédilection pour cette intéressante graminée saccharifère.

Cette augmentation de la portion des terres consacrées à des cultures industrielles au détriment des produits de la petite culture a eu un remarquable contre-coup à Lima et dans plusieurs autres centres importants de la côte. En s'emparant peu à peu de la petite propriété destinée à la production des vivres, légumes, céréales, fourrages, etc., elle a déterminé une notable cherté sur le marché des produits agricoles destinés à l'alimentation, et par suite, une augmentation considérable dans la valeur et la location de la petite propriété consacrée à la production des denrées alimentaires.

On peut dire, sans crainte d'être taxé d'exagération, que cette invasion progressive des cultures industrielles sur le domaine de la petite culture, pour répondre à l'immense développement que l'on a donné, et que l'on donne chaque jour à l'industrie sucrière, a fait doubler, et même, en certains cas, tripler la valeur foncière du sol, au moins, dans les environs des grands centres, de Lima par exemple, durant la période des vingt dernières années. Quant à la valeur foncière et locative de la propriété dans la région de la Sierra et dans celle de la Montaña, elle est aussi excessivement variable, selon que cette propriété se trouve plus ou moins voisine de centres de populations et de voies de communication qui, malheureusement, sont fort rares jusqu'à ce jour, ou fort incommodes, ainsi que nous le verrons plus loin.

Dans la région de la Montaña où l'on a établi des centres de colonisation, à Chanchamayo par exemple, le sol, qui n'avait aucune valeur jusqu'aux dernières années, en acquiert une qui va toujours en augmentant. L'essai a été heureux, bien que mal dirigé, ainsi que nous le dirons plus haut, et, si les résultats ne sont pas en rapport avec les efforts qu'on a faits et les sommes que l'on a dépensées, la valeur réelle du sol n'entre pour rien dans ces résultats.

Tout le monde a pu voir, par ce que l'on a fait dans de mauvaises conditions, tout ce qu'on peut espérer de ces fertiles régions quand elles seront dans des conditions normales. Aussi les premiers colons ne sont pas embarrassés pour vendre les concessions qui leur ont été faites et qu'ils ont déboisées, à des prix qui rémunèrent largement leur travail.

Un grand nombre de personnes qui n'avaient jamais songé à s'occuper d'agriculture acquièrent de cette manière des propriétés à Chanchamayo, au plus grand profit de la colonisation de cette fertile région, colonisation qui recevra un grand développement sous peu, grâce à l'activité et aux capitaux de ces nouveaux propriétaires. Il résulte de là que, dans les régions récemment conquises de la Montaña, il y a demande du sol, quand il est prêt à être cultivé, et que, par conséquent, sa valeur augmente chaque jour. Néanmoins la chose est assez récente pour qu'il soit prudent, pour le moment, de ne pas estimer la valeur foncière de la propriété dans ce nouveau centre de colonisation, qui offre les plus sérieux avantages à l'industrie agricole.

Biens de mainmorte. — Les biens de mainmorte, c'est-à-dire de personnes ou de corporation, jouissant d'une propriété sans pouvoir l'aliéner, comme sont les communautés religieuses, les établissements de bienfaisance et d'instruction, etc., sont, au Pérou comme ailleurs, loin de produire tous les résultats qu'ils produiraient si, comme toute propriété territoriale, ils entraient dans le commerce et la circulation.

Ces accumulations de terre sur des têtes qui en ont la jouissance perpétuelle sans pouvoir les vendre, diminuent l'offre sur le marché de la propriété territoriale et déterminent une hausse considérable de cette propriété et, par suite, des éléments de la production, laquelle, réagissant sur les produits agricoles destinés à l'alimentation de l'homme, détermine, à son tour, la cherté plus ou moins considérable de ces produits.

La cherté du sol, ou de sa location, éloigne évidemment les capitaux de l'agriculture et empêche le progrès de cette industrie. Elle détermine également la concentration de la richesse territoriale entre un petit nombre de mains, ce qui amène infailliblement les travaux des champs à être abandonnés à des bras mercenaires au plus grand détriment de la production. Par conséquent les lois qui protègent les biens de mainmorte doivent être considérées comme odieuses et essentiellement périlleuses pour l'avenir économique d'un pays. Jusqu'en 1820, les majorats existèrent au Pérou, malheureusement la loi qui, à cette date, les prohibait, n'eut pas de résultats immédiats à cause des événements politiques dont l'Amérique du Sud fut le théâtre vers cette époque.

Le loi du 20 octobre 1829 permit aux possesseurs de biens en majorats de disposer librement de la moitié de ces biens et de conserver l'autre moitié pour le successeur immédiat. Beaucoup de majorats disparurent alors et d'autres furent reduits à la moitié. Plus tard on a complétement prohibé, au Pérou, cette transmission de biens à quelques familles, individus ou établissements.

La constitution de 1860 proclame toutes les propriétés aliénables selon la forme déterminée par les lois, et le code civil du Pérou, déclare nulles les donations d'immeubles en faveur de mainmortes. Il prohibe également la fondation de chapellenies, de cens ou rentes perpétuelles, et admet que les cens établis peuvent être remboursés par les possesseurs de la propriété grevée.

Mais il ne suffisait pas d'empêcher pour l'avenir l'accumulation de la propriété territoriale entre des mainmortes, il fallait aussi songer à racheter les anciennes chapellenies, cens, et autres fondations perpétuelles. On autorisa ce rachat, qui n'offrait pas de difficultés pour les fondations laïques, mais qui en présentait de très-grandes pour les biens écclésiastiques. On a alors *laïcalisé* ces biens, selon certaines conditions, c'est-à-dire que le code les a soumis aux mêmes règles que les fondations laïques, quand ils étaient reconnus insuffisants pour remplir le but de la fondation. Malgré cette disposition, les chapellenies subsistent encore au Pérou presque en totalité, bien qu'elles puissent être vendues sur le rapport de l'évêque et avec permission du Gouvernement.

Il serait à désirer, ou que le Gouvernement les rachetât, ou qu'il s'entendît avec les Églises pour affranchir de ces charges la propriété particulière.

Les lois péruviennes, tout en favorisant la supression des biens de mainmorte, font une exception en faveur des établissements nationaux de bienfaisance et d'éducation. Bien que le code déclare nulles les donations d'immeubles en faveur de mainmortes, il admet, en effet, que les hopitaux et les établissements de bienfaisance et d'éducation puissent être institués héritiers.

Quoique ces donations ne soient pas aussi fréquentes qu'elles l'étaient pour les Églises et les monastères, elles n'en offrent pas moins, bien qu'en petit, les mêmes inconvénients. Ces établissements peuvent vendre, il est vrai, leurs biens à l'enchère publique quand ils en ont obtenu l'autorisation du Gouvernement, devant joindre à la demande qu'ils font de cette autorisation un rapport du Préfet dans la juridiction duquel se trouve situé l'établissement.

Biens communaux. — Les biens communaux, au Pérou, sont aussi considérables que mal administrés. L'Etat, les Départements et les Communes pourraient trouver dans cette importante branche des ressources fiscales qui permettraient de réaliser les plus sérieuses améliorations au point de vue du bien-être matériel des habitants.

Il ne semble nullement douteux que le fisc puisse réaliser des recettes, qui correspondraient à l'intérêt d'un capital considérable, par une meilleure administration des biens communaux. Mais que de résistence à vaincre! que de difficultés à surmonter ! Quel gouvernement aura le courage d'entrer dans cette voie?

Dans la plupart des provinces, ceux qui exploitent les biens communaux ne paient aucune redevance; dans d'autres, les uns paient une somme dérisoire et les autres rien; dans toutes manque l'équité dans la fixation des redevances, qui ne sont nullement proportionnelles à la valeur des terrains exploités. Quelquefois ces terrains sont exploités avec des titres, mais le plus souvent sans titres aucun.

Sans dépouiller odieusement les intéressés, il semble néanmoins que l'administration pourrait reviser les titres, en donner à ceux qui n'en possèdent pas, mais ne point permettre plus longtemps que certains individus, aussi peu soucieux des préceptes de l'équité et de la justice que des droits de leurs voisins, monopolisent entre leurs mains la propriété de tous et la laissent improductive, quand des bras aptes au travail en tireraient de riches produits pour le plus grand bien de la production agricole et de la situation économique du pays tout entier.

Parmi les moyens que l'on pourrait employer pour faire figurer comme élément de la production les biens communaux jusqu'alors plus ou moins improductifs, on peut citer le *partage*, la *vente* et le *fermage*.

Ce partage semble injuste, et l'est en effet, puisqu'il dépouille la personne morale que l'on appelle commune au profit des ses habitants actuels, qui verront le simple droit de jouissance commune qu'ils possédent transformé en un droit de propriété et cela au détriment des individus à venir, lesquels n'auront plus la jouissance d'une propriété qui appartiendra dés lors à leurs prédécesseurs. Il est bon de remarquer aussi que les lots, par suite de l'impuissance ou de l'imprévoyance de leurs propriétaires, seront appelés tôt ou tard à passer entre les mains des plus riches ou des plus habiles, et nous venons de dire plus haut que nous considérions cette concentration de a propriété entre un petit nombre de mains comme un véritable obstacle au progrès de la production agricole.

La vente des biens communaux entraîne ce dernier inconvénient, car le pauvre ne peut pas lutter à l'enchère contre le riche, qui a le champ libre pour arrondir ses domaines, déjà plus ou moins étendus, avec les diverses parcelles de la propriété commune. En outre, si par la vente des biens communaux la commune n'est pas iniquement dépouillée comme par leur partage, il n'en est pas moins vrai que les pauvres y perdent les bénéfices de la jouissance commune. Néanmoins, il semble que la vente partielle de biens communaux pourrait être ordonnée chaque fois que la commune se trouve en présence de besoins impérieux qui intéressent tous ses habitants, comme la construction de voies de communications, d'écoles, d'établissements publics, etc.

Le fermage semble présenter tous les avantages du partage et de la vente sans en offrir les inconvénients principaux. D'abord il conserve à la commune sa propriété et lui permet d'espérer que cette propriété s'améliorera et acquerra plus de valeur soit foncière, soit locative. Tout en mettant la terre à la portée des habitants les plus pauvres, de ceux qui n'ont que leurs bras pour capital, il sauvegarde l'intérêt des générations futures. Le cultivateur s'efforce d'améliorer le lot qu'il exploite, car les renouvellements de bail lui assurent la jouissance des améliorations dues à son travail. Par suite de ces améliorations, la commune voit sa rente augmenter chaque jour en même temps qu'augmente la valeur foncière de ses domaines.

La mise en œuvre et la bonne exploitation des biens communaux peut avoir au Pérou une importance capitale au point de vue de la production agricole. Nous avons déjà dit que la solution de cette question n'était pas sans offrir de sérieuses difficultés, mais nous ne pensons pas que ces difficultés soient insurmontables.

Colonisation. — La colonisation, au Pérou, commença avec la conquête, et ce fut, comme on sait, les Espagnols qui l'inaugurèrent. La renommée des fabuleuses richesses de cette région y appela bientôt des colons de toutes les nations, principalement de celles de l'Europe. Néanmoins, comme l'administration espagnole, qui domina au Pérou jusqu'au commencement du siècle actuel, n'était guère apte à favoriser sur une grande échelle la colonisation des vastes régions que lui avait conquises Pizarre, ce ne fut qu'après l'époque de l'Indépendance que de véritables colonies d'Européens se fixèrent au Pérou, principalement sur la côte. Mais ces colonies, française, italienne, anglaise, allemande, nord-américaine, etc. ne se préoccupent guère des travaux des champs. Elles s'adonnent plutôt au commerce, à l'industrie ou à la domesticité.

Cependant, depuis quelques années, l'émigration prend au Pérou un caractère plus agricole ; malheureusement, le manque de bras se fait si fortement sentir dans tout le pays, que le travail y est largement rémunéré et les émigrants désertent vite les champs pour venir dans les villes, où ils trouvent aisément un salaire plus élevé que celui que peut leur donner l'agriculture, et cela, moyennant un travail moins pénible et moins dur que celui des champs, surtout sous le climat de la Costa, et spécialement pour la culture de la canne à sucre.

Cette importante question d'apport de bras, et principalement de bras européens, au Pérou, est l'une de celles, dont la solution intéresse le plus l'agriculture de ce pays et, en général, son avenir économique : aussi le Gouvernement s'efforce-t-il de favoriser l'émigration européenne par tous les moyens possibles. Si, jusqu'à ce jour, les efforts de l'administration ont été couronnés d'un certain succès, attendu qu'un grand nombre d'Européens se sont déjà fixés au Pérou, principalement durant les dernières années, ainsi que nous le disons plus loin, il n'en est pas moins vrai que ce succès ne paraît point encore satisfaisant si l'on compare le courant d'émigration vers le Pérou à celui qui conduit les bras de l'ancien continent vers les États Unis, le Brésil et la République Argentine, par exemple.

Et pourtant le Pérou offre au travailleur, tant par son agriculture que par ses mines, des conditions aussi avantageuses, sinon meilleures, que celles dont n'importe quelle contrée des deux Amériques peut le faire bénéficier. Le peuple péruvien est affable et doux. Par tempérament, il est sympathique à l'Européen. Comment en serait-il autrement? puisque les Péruviens des classes aisées sont d'origine européenne eux-mêmes? Leurs mœurs et coutumes sont celles de la race latine. Leurs tendances et leurs aspirations sont les mêmes. Les Péruviens voient dans l'émigrant européen un frère qu'ils ont quitté et qui vient les rejoindre après trois siècles de séparation. Ils lui tendent les bras et lui offrent la plus large et la plus généreuse hospitalité.

La législation péruvienne est une législation des plus libérales, calquée sur plusieurs législations européennes, sur la française principalement. Les lois ne reconnaissent de prérogatives pour personne : les nationaux et les étrangers sont traités sur le même pied.

L'État, en vue de favoriser l'émigration, fait aux colons des concessions de terrain dans des conditions spécialement avantageuses et telles que nul pays ne peut les faire meilleures. Les Chambres ont, à plusieurs reprises, voté des sommes relativement considérables, destinées à favoriser l'émigration européenne. Les frais de transport des émigrants depuis leur pays jusqu'au lieu de colonisation ont été le plus souvent supportés par l'État, qui, en outre, a payé aux colons une certaine somme journalière et leur a remis des outils, des instruments, des graines et des animaux domestiques dans les conditions que nous exposerons plus loin.

Malgré cela, les émigrants ne se sont dirigés sur le Pérou qu'en nombre limité et nullement en proportion avec les avantages que peut leur offrir le pays. Si l'on recherche les causes de ce fait, qui ne laisse pas d'être surprenant, on en découvre de deux ordres : les unes sont réelles et les autres fictives. Quant aux premières, le principal obstacle est la grande distance que l'émigrant doit parcourir avant d'arriver à destination en comparaison avec celles qui le sépare des États Unis, du Brésil ou de la République Argentine. Il en résulte que, quand les émigrants s'embarquent pour leur propre compte, la question d'économie d'argent et de temps les oblige à préférer les centres de colonisation les plus rapprochés parmi ceux que nous venons d'indiquer.

Dans le groupe des causes qui paralysent l'émigration au Pérou et que nous appelons fictives, parce que les faits qui les déterminent n'existent réellement pas, il faut placer en première ligne le discrédit que des intéressés soit étrangers, soit Péruviens (car au Pérou comme ailleurs, la passion politique fait souvent taire le patriotisme) se plaisent à jeter sur le Pérou avec un cynisme qui ne s'explique que par ce fait que le Pérou est fort peu connu en Europe. Il ne l'est même pas au Pérou, comment le serait-il au dehors? Nous n'hésitons pas à dire que le Pérou est l'une des républiques latines de l'Amérique du Sud les moins connues et appréciées à sa juste valeur. On en a dit quelquefois trop de bien, mais assurément on en a dit fort souvent trop de mal.

La presse péruvienne se livre parfois à des appréciations qui, dans le pays même, n'ont aucune importance mauvaise, car chacun sait à quoi s'en tenir, ayant pu constater, *de visu*, et cela mille fois, les excès dans lesquels les rivalités de partis et la passion politique jettent les écrivains de meilleure foi et les mieux intentionnés pour le pays. A Lima, au Pérou même, tout le monde se connait. Quand un journaliste s'égare, on s'en aperçoit immédiatement, et — que la presse liménienne (de laquelle nous n'avons qu'à nous louer personnellement pour le bon accueil qu'elle a toujours fait à nos humbles travaux) nous pardonne notre franchise, — les égarements sont fréquents, surtout aux époques de crise politique, comme celle des élections par exemple. Mais si les conséquences de ces égarements sont nulles ou presque nulles au Pérou, il est loin d'en être de même à l'étranger. Les journaux du pays exhibent quelquefois des tableaux à effet, dont les couleurs vives ne sont pas toujours combinées à l'avantage des Péruviens ou de leurs institutions. Il y a toujours en Europe quelqu'un intéressé à donner de la publicité et du retentissement à tel ou tel article atrabilaire. Le reste s'explique facilement : l'émigrant s'effraie, il hésite, et puis il s'abstient, en présence « de ruine financière, de désorganisation sociale, de lois foulées au pieds etc. etc., » nouvelles qu'il ne sait et ne peut savoir traduire et interpréter à leur juste valeur. Eh bien, nous n'hésitons pas à le dire, et nous voudrions pouvoir faire participer à notre conviction tous ceux qui nous écoutent ou qui nous liront : les Péruviens sont meilleurs qu'ils ne le disent eux-mêmes quelquefois ; leurs institutions, loin d'être en décadence, sont en pleine voie de prospérité et leur pays est cent fois, mille fois plus riche qu'ils ne le croient. Très-peu d'ailleurs connaissent les richesses du Pérou et les apprécient. Il en est des Péruviens comme de beaucoup d'autres peuples : le pays que l'on étudie le dernier et que l'on connaît le moins est presque toujours le sien.

De toute manière, il est certain qu'au Pérou, malgré les efforts du gouvernement et les dépenses faites par l'État en vue d'attirer l'émigration européenne ; malgré les lois libérales qui régissent ce pays et le caractère doux et hospitalier de ses habitants ; malgré l'étendue et la qualité des terrains offerts aux colons, terrains qui, grâce à la grande diversité de climat du Pérou, se prêtent aux cultures les plus variées, ainsi que nous le disions plus haut ; malgré l'abondance des mines d'or, d'argent et de cuivre, dont la richesse proverbiale a fait du Pérou un légendaire Eldorado ; malgré les richesses sans limites que peuvent encore donner ces mines, puisqu'elles n'ont été travaillées qu'à la surface et que les bras seuls manquent pour reprendre les travaux abandonnés à la suite, soit de l'expulsion des jésuites, soit d'événements politiques, tels que ceux qui, au commencement du siècle affranchirent le Pérou du joug de l'Espagne ; malgré ces avantages de toutes sortes, avantages qui ne sont rien moins que réels, l'émigration européenne, jusqu'à ce jour, ne s'est pas dirigée vers le Pérou, comme ses propres intérêts lui conseillaient de le faire, soit par suite des causes que nous venons d'indiquer, soit par suite de l'existence d'autres obstacles que nous ne connaissons pas et qu'en vain nous nous efforçons de découvrir.

Il résulte de là que l'agriculture de la côte ne peut guère, pour le moment, du moins, compter sur les bras européens.

Il faut dire aussi que l'agriculture péruvienne, au moins la grande culture industrielle, n'existant que sur la côte du Pacifique, à cause de la difficulté des communications entre l'intérieur et cette région, le sol acquiert là une grande valeur qui s'oppose à toute concession de terrains, condition, selon nous, *sine qua non* de toute colonisation agricole. En outre, si le climat de la côte est très-sain, il est néanmoins débilitant pour l'Européen, par suite de l'absence des froids secs et intenses qui, dans la zone tempérée, jouent sur l'organisme le rôle d'un tonique excellent; aussi pensons-nous que si l'émigrant européen peut, sur la côte du Pérou, se livrer sans danger aux travaux de petite culture, à l'horticulture surtout, et même aux travaux de grande culture, de la vigne et du coton, par exemple, il est entièrement inapte à supporter le rude labeur qu'exige la culture de la canne à sucre, comme on la fait aujourd'hui, culture qui est celle à laquelle on consacre une grande partie des terres irriguées du nord et du centre de la Costa.

La colonisation par les Européens n'étant pas, selon nous, possible sur la côte, au moins avec le mode actuel d'exploitation du sol, et, en outre, les plus riches et les plus fertiles régions du Pérou se trouvant par delà la cordillère, nous comprenons parfaitement que le gouvernement ait jeté les yeux sur les parties transandines du Pérou, ou région de la Montaña, et inauguré, depuis deux ou trois années, un grand mouvement d'émigration européenne, en vue de coloniser la délicieuse vallée de Chanchamayo, où il peut faire d'importantes concessions de terrain aux travailleurs de tous les pays. Nous reviendrons tout à l'heure sur la colonisation de la Montaña.

La culture de la canne à sucre sur la côte, avons-nous déjà dit, a pris un développement immense depuis que les agriculteurs péruviens qui s'étaient jetés tête baissée dans la culture du coton, alléchés sans doute par la hausse que la guerre de sécession détermina dans le prix de cette denrée, ont compris que l'intéressante graminée saccharifère, cultivée déjà au Pérou depuis plus de deux siècles, leur donnerait des bénéfices bien supérieurs à ceux que leur laissait le coton, qui ne s'accommode pas toujours très-bien du climat de la côte du Pacifique, car, sur beaucoup de points, il souffre considérablement des nuits trop fraîches de cette région. Mais la culture de la canne demande beaucoup de bras et exige, comme à peu près toutes les cultures, des bras sur lesquels on puisse compter. Comme les indigènes travaillent fort peu ou se livrent exclusivement à la petite culture ou à la domesticité, l'industrie sucrière a dû recourir à des bras mercenaires, amenés à grands frais des côtes de la Chine. Il ne s'agissait pas là d'émigration libre, ni de colonisation chinoise, mais simplement d'un commerce de bras, en un mot, d'une espèce de traite des Chinois, traite qui différait de l'ancienne traite des noirs en ce qu'elle n'était que temporaire et que le travailleur recevait une légère rétribution.

L'introduction des bras chinois, au Pérou, pour les travaux de l'agriculture, date de 1854, époque à laquelle le général Castilla, qui, à la suite d'une révolution, venait d'enlever le pouvoir au général Echenique et se proclamer dictateur, décréta la supression du tribut auquel étaient soumis les Indiens depuis deux siècles, c'est-à-dire depuis l'établissement de la vice-royauté, et, du même coup, abolit l'esclavage des nègres (décret dictatorial du 3 novembre 1854).

Malheureusement la mesure prise par le général Castilla fut suivie de conséquences pratiques qui ne furent pas prévues à temps et mirent l'agriculture de la côte péruvienne dans une situation tout à fait critique. L'Indien n'étant plus tributaire, s'abandonna entièrement à sa jouissance de prédilection, la paresse, et n'ayant plus rien à payer, vécut dans une complète indépendance, quant au travail, car ses besoins, qui sont plus que limités, ne réclamaient pas un grand labeur pour obtenir de quoi être satisfaits. Il vécut et vit encore sans ambition, au milieu de l'oisiveté, du vice, de l'ignorance et de la superstition. D'ailleurs, il faut dire que les Indiens de la *Sierra* sont tout à fait impropres aux travaux agricoles de la côte. Dès qu'ils descendent au bord de la mer, ils tombent malades et succombent rapidement aux fièvres intermittentes, s'ils ne retournent pas à temps respirer l'air raréfié des hautes régions de la Cordillère.

Quant au nègre, hier esclave et aujourd'hui libre, il ne comprit pas, non plus, son devoir, et, au lieu de chercher à faire disparaître par le travail les traces de son esclavage, il préféra s'abandonner à l'oisiveté et au libertinage : les uns se firent révolutionnaires salariés, d'autres devinrent soldats, passant toujours dans les rangs du plus offrant; le reste se fit débauché, ivrogne, voleur et assassin. La sûreté des routes et de la vie aux champs fut compromise durant de longues années. Aujourd'hui elle est complétement rétablie, grâce aux efforts de la police rurale et surtout à ceux des agriculteurs intéressés à la garantie de la vie et de la propriété, lesquels obtiennent par eux-mêmes des résultats généralement plus concluants que ceux obtenus par la police.

La conséquence immédiate du mouvement révolutionnaire de 1854 fut donc l'abandon des champs par les bras agricoles, qui devinrent même une menace pour la propriété et pour la sûreté rurale, si indispensable aux travaux de l'agriculture.

Émigration chinoise. — Ce fut alors que les agriculteurs menacés d'une ruine prochaine dirigèrent leurs regards vers la Chine et songèrent à en tirer des bras destinés à sauver leur industrie. Des navires furent frétés et rapportèrent au Pérou la lie du peuple chinois, enrôlés sur les côtes du Céleste-Empire, sous forme de mendiants, de bandits, de voleurs, et même d'assassins, que l'on avait trouvés au fond des bouges qui abondent partout dans les ports de mer.

En arrivant au Callao, le principal port du Pérou, les Chinois étaient mis en vente comme toute autre marchandise, et chaque agriculteur pouvait en acheter tant qu'il lui plaisait, en signant avec eux un contrat par lequel le Chinois s'engageait à travailler pendant 8 années et l'agriculteur à le nourrir, le vêtir, le loger et lui payer chaque semaine un sol pour salaire. Le prix d'un Chinois fut d'abord de 300 puis 400 soles.

De 1850 à 1860, l'émigration chinoise ne fut pas très-active. Durant cette période de 10 années, il partit de Chine pour le Pérou environ 15 000 coolies. Il en mourut près de 2 000 pendant la traversée (11 0/0 à peu près), de sorte qu'il n'en arriva au Callao que 13 000.

Mais, de 1860 à 1874 le courant d'émigration fut beaucoup plus important et le nombre des Chinois qui s'embarquèrent pour le Pérou fut de 82 629. De ce nombre 7 677 (11 0/0) moururent et le reste, c'est-à-dire 74 952, débarqua au Callao.

L'émigration durant cette période est résumée par le tableau suivant:

TABLEAU DE L'ÉMIGRATION CHINOISE AU PÉROU DE 1850 A 1874

ANNÉES	CHINOIS EMBARQUÉS	MORTS pendant LA TRAVERSÉE	DÉBARQUÉS AU CALLAO
1850 à 1860 (approximatif).	15 000	2 000	13 000
1860 (chiffre exact) . . .	2 007	594	1 413
1861.	1 860	420	1 440
1862.	1 726	718	1 008
1863.	2 301	673	1 628
1864.	7 010	600	6 410
1865.	4 794	254	4 540
1866.	6 543	614	5 929
1867.	2 400	216	2 184
1868.	4 732	466	4 266
1869.	3 066	75	2 991
1870.	7 917	373	7 544
1871.	12 526	741	11 812
1872.	14 505	1 114	13 391
1873.	7 303	732	6 571
1874.	3 939	114	3 825
25 ans	97 629	9 677	87 952

On remarquera sans doute que la mortalité est considérable, puisqu'elle atteint le chiffre de 10 0/0 environ durant une traversée de 90 jours. Dans certains voyages, la mortalité a passé 30 0/0, ce qui était loin de faire compte aux armateurs.

Cette émigration, personne ne le met en doute, a rendu et rend encore de grands services à l'agriculture; malheureusement, la législation péruvienne et la manière même dont contractaient les Chinois, ainsi que les soins que l'administration apportait à la fidèle observation des contrats, ne garantissaient pas assez les malheureux coolies contre les mauvais traitements que quelques agriculteurs, peu consciencieux, pouvaient leur infliger. Il y eut abus. Les Chinois devinrent coupables, tant sous l'influence de leurs vices que par suite des mauvais procédés auxquels eurent recours certains patrons à leur égard; quelques propriétaires de coolies s'érigèrent en magistrats et la balance de la justice passa entre les mains d'un certain nombre, sous forme de fouet qu'ils appliquèrent vigoureusement sur les reins des Chinois, ou sous celle de chaînes qu'ils rivèrent solidement à leurs pieds. Certaines haciendas devinrent de petits bagnes, où les cris des torturés et le bruit lugubre des chaînes frappaient désagréablement l'oreille de tous ceux dont la philanthropie applaudit résolûment, la marche de notre époque qui est, certainement, une époque de progrès, de lumière et de justice, s'il en fut.

De leur côté, les Chinois réagissaient contre la sévérité du propriétaire, soit en prenant la fuite quand ils le pouvaient, soit en se livrant à des actes de sauvage férocité dont les suites étaient l'assassinat du *patlon* et des majordomes nègres qui, pour la plupart, élevés sous le fouet de l'esclavage, voyaient passer, avec plaisir, et par ricochet, les coups de bâton dont on avait caressé leurs épaules sur celles d'un autre soumis à leurs ordres et qu'ils considéraient avec un souverain mépris qui n'avait d'égal que le degré de supériorité que leur sotte vanité leur faisait s'arroger sur lui.

La vengeance des Chinois s'étendait aussi, et malheureusement, aux populations voisines dont ils n'avaient pas à se plaindre et dans le seul but de voler et d'assassiner au besoin. Loin de nous, l'idée de dire que les Chinois ne se rendent pas coupables de fautes graves, qu'ils ne volent pas, qu'ils ne font pas les malades pour ne point travailler, qu'ils ne cherchent pas à fuir et à se délier ainsi du contrat qu'ils ont signé avec l'agriculteur. Néanmoins les mauvais traitements dont ils sont l'objet quelquefois et que tout le monde, au Pérou, connaît plus ou moins, n'en restent pas moins en dehors des actes légaux.

Heureusement les faits que nous rapportons ne sont pas universels; dans plusieurs des haciendas qu'il nous a été permis de visiter fréquemment, durant notre séjour au Pérou, nous avons remarqué que les Chinois étaient bien traités, qu'on les payait régulièrement, qu'ils étaient commodément abrités et convenablement soignés en cas de maladie, qu'on ne leur refusait pas la nourriture nécessaire et même qu'on leur accordait un supplément soit en aliments, soit en eau-de-vie, soit en argent, chaque fois qu'ils devaient se livrer à un travail plus fort que de coutume ou non stipulé dans le contrat. Dans de

3

telles haciendas, les Chinois ne se révoltent pas; ils se conduisent comme de fidèles serviteurs qui embrassent les intérêts de leur patron. Nous avons été plusieurs fois témoin de faits qui montrent tout ce qu'on peut obtenir du Chinois quand on le traite avec douceur et avec justice.

Il nous paraît inutile de dire que, sur une partie de plusieurs centaines de Chinois il y aura toujours, même là où on les traite le mieux, quelques-unes de ces natures indomptables qui volent par tempérament, absolument comme elles s'enivrent en fumant de l'opium, et contre lesquelles il faut absolument sévir. Mais notre avis est que, dans de tels cas, l'agriculteur ne doit pas se faire juge et partie : dès qu'un délit est commis c'est, selon nous, affaire de la justice commune.

S'il est vrai que les gouvernements doivent éviter de s'immiscer dans la sphère du travail, afin de conserver à l'industrie humaine le caractère de liberté qui la rend si féconde, il n'en est pas moins vrai aussi que l'administration gouvernementale doit prendre les mesures nécessaires pour garantir la propriété, la sécurité, la justice et la liberté pour tous. Au point de vue qui nous occupe, le pouvoir administratif peut prendre des mesures sagement sévères qui seront un véritable bienfait pour l'agriculture, car nous pensons que le Chinois, se voyant protégé par la loi contre les exigences de certains patrons, qui n'apportent pas un excès de délicatesse dans leurs relations avec les coolies, fournira un travail bien supérieur à celui qu'il produit par force et sous l'empire de la crainte.

Il est certain, et tout le monde est d'accord sur ce point, que le Chinois, en général, est très-travailleur. Il aime l'industrie, il est intelligent, il est économe, et la plupart de ceux qui, à la fin de leur contrat, recouvrent leur liberté, se livrent au commerce, ouvrent de petits magasins et surtout des restaurants, ou *fondas*, où les classes péruviennes peu aisées s'approvisionnent et se nourrissent. Le Chinois est répandu dans tout le Pérou et partout il rend des services, car il vend meilleur marché que nul autre commerçant. Dans certaines localités de la côte, les Chinois tiennent de grands hôtels où l'on trouve un gîte commode sous tous les rapports.

« Est-il certain, dit un organe de la presse de Lima, que les Chinois soient réellement indomptables, insociables, séditieux et turbulents? Est-ce une condition de race ou de perversité innée qui pousse ces infortunés dans le sentier du crime? Non, cela est absurde au point de vue philosophique et indigne comme idée lancée pour cacher l'avarice, la mesquinerie et la cruauté des patrons.

» Précisément leur condition misérable, leur servilisme, les rend aussi inoffensifs que peut l'être un animal domestique, lequel regimbe, s'irrite et blesse quand il se voit obligé à se défendre et quand on le maltraite, soit par de cruels châtiments, soit par l'insuffisance d'aliments, soit, enfin, par la privation complète de la liberté, à laquelle les brutes mêmes ne renoncent pas patiemment. »

Il est évident, en effet, que si l'on transforme le Chinois en une vraie machine agricole, à laquelle on demande le plus de travail possible, sans crainte de la briser; si, après un pénible labeur de 12 ou 15 heures par jour, quelquefois plus, on l'enferme dans un infect taudis en ne lui donnant qu'un aliment insuffisant et peu nutritif; si ce misérable ne voit de protection nulle part contre les procédés arbitraires, souvent cruels, dont use envers lui l'homme qui l'a acheté; il ne faut pas s'étonner que cet être qui, pendant 8 années au moins, n'a pas une semaine de liberté entière, se rappelle quelquefois qu'il est homme, bien qu'il en ignore souvent les prérogatives et les devoirs, et que, poussé à bout, irrité, désespéré, il ait par instant soif de vengeance et s'élance alors dans le sentier du crime.

Il ne sera peut-être pas de trop, en vue de permettre de bien apprécier la situation actuelle de l'agriculture péruvienne, au point de vue de la colonisation et du manque de bras, de dire deux mots des négociations diplomatiques que l'émigration chinoise a motivées entre la République péruvienne et le Céleste-Empire, ainsi que de l'état où se trouve aujourd'hui cette émigration, par suite des traités signés entre le gouvernement du Pérou et la cour de Pékin.

Dès le principe, le recrutement des Chinois, sur les côtes d'Asie, s'effectuait sous une forme plus ou moins régulière, sur toute la côte de la Chine; mais bientôt, le gouvernement chinois, avec lequel le Pérou n'était pas encore en relations diplomatiques, s'opposa formellement, et selon les lois de l'Empire, à ce que ses sujets fussent contractés et embarqués à destination du Pérou.

Cette mesure prohibitive s'étendait à tous les ports de la Chine.

Les maisons qui faisaient alors le commerce des coolies chinois durent diriger leurs navires à Hong-Kong; mais quelque temps après le gouvernement anglais, qui n'était sans doute pas étranger à la mesure prise par le cabinet de Pékin, s'opposa, à son tour, à l'exportation des Chinois de Hong-Kong. Les navires préposés à cette espèce de traite ne purent se décider à abandonner les beaux bénéfices que leur rapportait ce petit commerce de machines humaines, et, changeant de route, furent effectuer leur chargement dans la colonie portugaise de Macao.

Pendant ce temps-là, le gouvernement chinois avait fait faire une enquête sur le sort qui était réservé à ses sujets en Amérique et, spécialement, à Cuba et au Pérou. A la suite de cette enquête et sous l'influence, sans doute, de gouvernements philanthropes, sincères ou non (car, il faut bien le reconnaître, on est commerçant avant tout, même entre États, et si le sucre du voisin peut nuire au nôtre, il faut immédiatement prendre des mesures contre le sucre du voisin), à la suite de cette enquête, disons-nous, le gouvernement chinois défendit, de la manière la plus absolue, que ses sujets émigrassent au Pérou. De son côté, le gouvernement portugais (qui avait sans doute reçu les mêmes instructions des mêmes philanthropes) s'opposa à ce qu'on enrôlât les Chinois sur ses possessions de Macao et ne permit plus à aucun navire péruvien de sortir de ses ports chargé de coolies. Ceci se passait en 1870. Le coup était terrible pour l'agriculture péruvienne, qui se vit menacée d'une ruine immanquable et d'une mort non moins certaine. Le gouvernement péruvien d'alors voulut parer le coup qui allait anéantir la naissante agriculture du pays et surtout l'industrie sucrière.

Il se disposa immédiatement à envoyer une ambassade près le gouvernement impérial de Pékin. Malheureusement l'époque était mal choisie. On s'occupait alors, au Pérou, beaucoup plus activement de la campagne électorale, de laquelle devait sortir le successeur du colonel Balta, que d'agriculture. L'ambassade ne partit pas.

M. Pardo arriva au pouvoir au mois d'août de 1872; et, à la fin de la même année, il envoya une mission extraordinaire en Chine. Des traités qui font honneur au chef de cette mission, M. A. Garcia y Garcia, furent signés entre le gouvernement péruvien, d'une part, et l'empereur de Chine, de l'autre.

Le commerce des Chinois, tel qu'il existait auparavant, reste supprimé; mais, l'émigration libre est autorisée, à condition que les sujets du Céleste-Empire jouissent au Pérou de tous les droits et de toutes les prérogatives dont jouissent les sujets des nations les plus favorisées.

L'article 6 de ce traité amical, échangé à Tokei le 17 mai 1875, contient la déclaration suivante, qui ne manque pas d'intérêt, au point de vue de l'étude de la future émigration chinoise libre au Pérou :

« La République du Pérou et l'Empire de la Chine reconnaissent avec toute franchise le droit inaliénable, inhérent à tout homme, pour changer de pays. Leurs citoyens et sujets respectifs peuvent, par conséquent, aller librement d'un pays à l'autre en vue de promenade, commerce, travaux, ou comme résidents stables. Les Hautes Parties contractantes conviennent, par conséquent, que les citoyens et sujets des deux États émigreront uniquement de leur libre et volontaire consentement; et, d'un commun accord, réprouvent toute autre émigration, pour le cas mentionné, qui ne soit pas entièrement volontaire, ainsi que tout acte de violence ou de duperie qui pourrait être pratiqué en vue de l'émigration de sujets chinois soit à Macao, soit dans les autres ports de la Chine. De la même manière, les Hautes Parties contractantes s'engagent à punir sévèrement, et selon leurs lois, leurs citoyens et sujets respectifs qui enfreindraient les présentes stipulations, et, en outre, à recourir judiciairement contre leurs navires respectifs qui se livreraient à ces opérations illégales et à leur imposer les amendes qu'indiquent leurs lois pour de tels cas. »

Ce même traité, ainsi que nous l'avons déjà dit, garantit en outre, aux Chinois qui viendront volontairement au Pérou, la jouissance de toutes les libertés dont jouissent les sujets des nations les plus favorisées sur le sol de la République péruvienne.

La question diplomatique résolue, il s'agissait de recourir à la pratique pour voir se réaliser les grandes espérances que l'on avait fondées sur le traité échangé à Tokei. Se réaliseront-elles ces espérances? Nous l'ignorons; mais nous pensons que cette réalisation n'est pas sans offrir quelques difficultés.

Pour la faciliter, le gouvernement a accordé une subvention de 160 000 soles à la maison Olyphant et C° de Hong-Kong, qui s'est engagée à établir une ligne de navigation à vapeur entre la Chine et la côte du Pérou. Les navires de la maison Olyphant doivent pouvoir contenir 1 000 Chinois et cette maison s'engage à faire vingt-huit voyages durant les cinq premières années de son contrat.

L'opinion publique, au Pérou, au sujet de l'émigration chinoise, est divisée en deux camps : dans l'un on approuve et dans l'autre on réprouve cette émigration, même *libre*. Nous ne nous sommes jamais rendu un compte bien exact de ce que l'on entend par cette expression, *émigration chinoise libre*, qui doit sauver l'agriculture de la côte. Nous pensons que, si le Chinois est amené au Pérou et déposé au Callao en jouissant d'une entière liberté, sous la garantie des traités qui le font aussi libre que les sujets des nations les plus favorisées c'est-à-dire pouvant se livrer au travail qui convient le mieux à ses goûts et à ses intérêts, il n'ira pas, de bon gré, travailler dans les haciendas, si les lois péruviennes ne lui assurent pas des garanties certaines de justice et de liberté. Si ces garanties lui sont refusées ou ne sont que de vaines promesses, nous ne pouvons admettre que le Chinois se transporte dans les haciendas de la côte, car il ne manquera pas d'apprendre le sort qui l'y attend, duquel un grand nombre de ses compatriotes, établis à Lima et au Callao, ne manqueront pas de lui parler et qui seront crus, certainement, car plus d'une pourra dire : *Expertus loquor*. Si, alors, le Chinois refuse de se livrer aux rudes labeurs des champs, on ne voit pas pourquoi le Pérou s'efforcerait, à grands frais, d'être envahi par les disciples de Confucius, peuple éminemment absorbant s'il en fut.

Si l'administration chinoise et l'administration péruvienne n'agissent pas énergiquement, il peut se faire aussi que les coolies, à leur arrivée au Callao, soient circonvenus par la spéculation et se trouvent encore une fois abandonnés à la triste situation faite à un grand nombre de leurs compatriotes dans la plupart des haciendas de la côte ; en un mot, il peut se faire que les clauses du traité de Tokei ne soient pas fidèlement observées et que l'émigration asiatique, prétendue libre, ne passe jamais d'un commerce de machines humaines qui répugne aux mœurs de notre époque. Sous le nom de colons chinois et avec des formes plus ou moins déguisées, il est à craindre que, pour longtemps encore, il ne vienne au Pérou que de vils esclaves, des instruments agricoles que le travail peut briser, mais qui se renouvellent et se remplacent avec des capitaux.

L'émigration chinoise libre, conforme aux traités récemment conclus, et son application aux travaux des champs avec le système actuel d'exploitation du sol sur la côte péruvienne du Pacifique, nous le répétons, présentent, au point de vue pratique, de sérieuses difficultés dans un pays où des habitudes profondément invétérées par vingt années d'un abject trafic de ces machines humaines, ont attiré sur ces malheureux le mépris le plus profond de toutes les classes de la société.

Émigration européenne. — En même temps que le Pérou s'efforce d'introduire chez lui des bras du Céleste-Empire, il s'occupe activement d'y appeler l'émigration européenne. L'émigration chinoise, en effet, est insuffisante pour ce pays, car si elle est la meilleure, au point de vue du travail agricole de la côte, travail auquel elle se livre dans des conditions d'économie et de régularité particulières, très-favorables à l'industrie sucrière de cette région, elle est peu propre à la colonisation, ou, au moins, de beaucoup inférieure à l'émigration européenne considérée sous ce point ce vue.

L'Européen, en effet, en arrivant au Pérou apporte, non-seulement des bras pour le travail, mais encore un contingent d'une civilisation supérieure à celle des Chinois et surtout plus en harmonie avec celle des Péruviens, qui est issue d'elle immédiatement. Il vient, en outre, avec des idées de prospérité et de fortune, souvent avec sa famille, sa femme et ses enfants, et quelquefois même avec un petit capital.

Mais l'Européen vient aussi avec des aspirations qui le rendent incapable de rendre de grands services à l'agriculture de la côte, au moins jusqu'à ce que d'importantes réformes se fassent jour dans le système actuel d'exploitation du sol de cette région. Dans son pays, le travailleur européen vit généralement, en effet, dans une aisance relative qui fait qu'il n'abandonne jamais sa patrie pour venir dans de lointaines régions à la recherche d'un simple salaire. Ses désirs vont plus loin : ce qu'il cherche, c'est un bien-être supérieur à celui dont il jouit dans son propre pays.

Il est venu le plus souvent avec l'espoir d'être maître lui-même, d'avoir une propriété, une terre sienne, où il déploiera librement toutes les ressources de son intelligence et de son activité et, par un travail rude et continuel, ce qui ne l'effraie nullement, arrivera aux fins qu'il s'est proposé en abandonnant sa patrie.

La Costa, pour le moment, ne lui offre rien qui puisse répondre à de telles aspirations. S'il accepte du travail dans quelques exploitations, ce ne sera que momentanément, pour attendre, pour voir, pour étudier la direction dans laquelle il prendra son vol aussitôt qu'il le pourra. En outre, le salaire de l'Européen sur la côte péruvienne sera, pour longtemps encore, beaucoup trop élevé pour que son travail puisse être utilisé avantageusement par les grandes exploitations industrielles, qui ont besoin généralement de bras à bon marché.

A la fin de 1876, un certain nombre d'émigrants européens furent engagés dans la République argentine par un propriétaire de la côte du Pérou, M. José Boza, en vue de la culture de la vigne, dans le département d'Ica. Ils trouvèrent le salaire qu'on leur offrit fort rémunérateur et se mirent au travail avec ardeur. Un mois après leur installation, on leur offrait de toute part un salaire quadruple et quintuple, qu'ils s'empressèrent d'accepter, comme on le pense bien.

Il faut dire aussi que l'émigration européenne arrive au Pérou avec beaucoup d'illusions ; ses prétentions sont immenses et, le plus souvent, exagérées ; mais le pays les autorise, en quelque sorte, tant le manque de bras s'y fait sentir et tant le travail y est rémunérateur. Il n'est donc pas possible d'admettre que, vu le salaire élevé qu'elle exige et ses aspirations à devenir maîtresse d'une partie du sol qu'elle travaille, l'émigration européenne puisse venir en aide à l'agriculture de la côte, et surtout à l'industrie sucrière, car nous avons déjà dit que l'Européen était des plus impropre, physiquement et physiologiquement parlant, aux rudes travaux de la culture de la canne à sucre, selon le système actuel d'exploitation du sol sur la côte du Pérou.

Aussi le Gouvernement péruvien réserve le travail de la côte aux bras asiatiques et ne songe pas à établir les émigrants européens dans cette région. Tous les efforts qu'il fait pour la colonisation européenne sont dirigés de l'autre côté de la cordillère, vers l'une des plus belles et des plus fertiles régions du monde entier. Là l'Etat peut faire droit aux aspirations de l'Européen, en lui accordant d'importantes concessions de terrain qui le font propriétaire immédiatement et répondent au plus ardent de ses désirs. En outre, le gouvernement dispose de fonds importants destinés à favoriser l'émigration et à venir en aide aux colons pour les frais de première installation.

La belle région à laquelle nous faisons allusion est la *vallée de Chanchamayo*. Comme c'est le centre le plus important de la colonisation au Pérou et comme nous pensons que cette région est appelée à un grand avenir agricole, nous lui consacrerons quelques lignes, avant de nous occuper des concessions de terrains et du régime de colonisation.

La belle et fertile région de *Chanchamayo*, située sur le versant oriental des Andes, à l'E.-N.-E. de Lima, et à une distance d'environ 250 kilomètres de la côte du Pacifique, fut visitée pour la première fois par des Européens au XVIIe siècle. Ce fut, en effet, en l'année 1635, que le frère franciscain Geronimo Gimenez, en cherchant à pénétrer dans la *Montaña* par la région centrale des Andes péruviennes, découvrit le célèbre *Cerro de la Sal* (colline du Sel), ainsi nommé par ce qu'il renferme un immense filon de sel gemme qui court du sommet de la montagne dans une direction Sud-Ouest et Nord-Ouest, et mesure plus de 20 mètres de large, sur une étendue de 30 kilomètres environ. Les Indiens de plusieurs nations venaient de loin s'approvisionner de sel à ce riche gisement.

Le *Cerro de la Sal* termine l'un des rameaux de la Cordillère des Andes, lequel, après s'être détaché de la chaîne principale, à l'Est de la grande lagune de *Chinchaïcocha*, ou lac de Junin, forme la ligne de division des eaux qui se rendent, d'une part au *Pachitea*, de l'autre, au *Péréné*, (continuation du *Chanchamayo* depuis sa rencontre avec le *Paucartambo*), tous deux tributaires de l'*Ucayali*, l'un des plus grands affluents de l'Amazone.

Le *Péréné* arrive à l'Ucayali, sous le nom de *Tambo*, qu'il reçoit depuis sa rencontre avec l'*Ené*.

Deux mots utiles sur le réseau des fleuves de cette région hydrographique, fort peu connue jusqu'à ce jour. Nous sommes dans l'immense bassin de l'Amazone, et plus particulièrement dans celui de son vaste affluent l'Ucayali. La vallée située au sud et au pied du *Cerro de la Sal* tire son nom du principal cours d'eau qui l'arrose, le *Chanchamayo*.

Administrativement cette vallée est située dans la province de Tarma, qui appartient au département de Junin. Le *Chanchamayo*, dont la direction est Ouest-Nord-Est, reçoit sur ses deux rives un assez grand-nombre d'affluents dont les principaux sont le *Tulumayo*, sur la rive droite, l'*Oczabamba* et le *Paucartambo*, sur la rive gauche. A l'embouchure de ce dernier fleuve, l'ensemble de ces eaux porte le nom de *Pérénè* et ce fleuve, après s'être grossi du *Pangoa*, qu'il reçoit sur sa rive droite, va s'unir par la même rive avec l'*Ené* formé par le grand *Apurimac* et le *Mantaro*. De cette union résulte le fleuve *Tambo*, qui en se joignant avec l'*Urubamba*, forme le grand *Ucayali*. L'Ucayali court, à peu près, du sud au nord et va joindre le *Marañon* pour former le plus grand fleuve du monde, connu sous le nom d'*Amazone*, que lui donna le romantique père Gaspard de Carbajal, dans le récit quelque peu fantastique qu'il fit du voyage d'Orellana.

C'est dans la partie élevée de ce vaste bassin hydrographique, dans la vallée qu'arrosent le Chanchamayo, le Péréné, le Tambo et leurs affluents, que le Gouvernement péruvien dirige l'émigration européenne. Le centre de la colonisation se trouve aujourd'hui sur les rives du Chanchamayo, presque au pied du *Cerro de la Sal*. Cette colline, à laquelle on arrive par Tarma, Acobamba et Palca, en suivant le cours du Chanchamayo, jusqu'à l'embouchure du Paucartambo, et en remontant ce dernier cours d'eau, est un point d'une haute importance pour l'avenir des colonies que le Pérou s'efforce d'établir dans cette région et qui ont à se préserver des tribus sauvages qui habitent les forêts voisines. Cette montagne, riche en sel, commande à la fois les vallées du Chanchamayo et du Pachitea, et comme elle constitue le seul point du bassin de l'Ucayali où l'on trouve cette précieuse substance, il en résulte que tous les sauvages viennent là faire leurs provisions de sel, soit pour leurs usages personnels, soit en vue de trafiquer avec les tribus voisines. La possession du *Cerro de la Sal*, a donc une véritable importance stratégique pour le Gouvernement péruvien, qui devra établir là des travaux de défense confiés à la garde de troupes suffisantes pour s'opposer à l'invasion et aux déprédations des sauvages qui habitent les immenses forêts de ces vastes régions.

En se rappelant les désastres réitérés qui amenèrent plusieurs fois la perte des anciennes missions de Savini, Sonomoro, Pichana, Quiniri et autres, des rives du Pangoa et du Chanchamayo, on ne croit pas exagérer en disant que des mesures générales que prendra le Gouvernement péruvien pour s'assurer de la possession du *Cerro de la Sal*, dépend, en grande partie, l'avenir des colonies agricoles du Chanchamayo.

Bien que le climat de cette fertile région soit chaud et humide, il n'en est pas moins l'un des plus sains que l'on connaisse; ce qui explique les efforts qui ont été faits depuis plus de deux siècles pour profiter de conditions si avantageuses.

Tour à tour livrée à la civilisation et à la barbarie, par suite des pacifiques conquêtes des missionnaires et des révoltes sanglantes des sauvages, la vallée de Chanchamayo est encore une fois sous l'empire de la civilisation. Une ligne de chemin de fer, qui doit relier la côte du Pacifique à cette fertile région et à d'autres centres non moins importants, au point de vue minier, est déjà arrivée jusqu'au sommet de la Cordillère, où la locomotive fait entendre son cri strident, après s'être élevée, au bruit monotone de sa puissante respiration, à une hauteur de près de 4 800 mètres, sur un parcours direct de moins de 170 kilomètres, sans franchir de pentes supérieures à 4 0/0.

Le chemin de fer transandin, *Callao-Lima-Oroya*, qui est, sans contredit, l'un des plus audacieux qui aient été construits jusqu'à présent, mettra un jour les fertiles régions de Chanchamayo en communication avec la côte du Pacifique. Cette riche vallée peut être mise en rapport, en outre, avec l'Atlantique par l'intermédiaire des vapeurs qui sillonnent l'Amazone et qui, gagnant le Pachitea par l'Ucayali, arrivent jusque dans les eaux du Picchis, au pied même du versant Nord du *Cerro de la Sal*.

La situation géographique du fort *San Ramon*, situé à la jonction du Tulumayo et du Chanchamayo, à une hauteur de 825 mètres au-dessus du niveau de la mer, et qui marque le point où commencent les régions que l'on colonise actuellement est, selon l'ingénieur Werthemann, par 11° 6' 33" de latitude Sud et par 77° 37' 36" de longitude Ouest, comptés depuis le méridien de Paris. Le centre actuel de la Colonie du Chanchamayo est la *Merced* située sur la rive gauche du fleuve en aval et à 12 kilomètres environ, du fort de *San Ramon*. Ce village, qui compte actuellement près de 300 colons, est situé à 730 mètres au-dessus du niveau de la mer sur l'emplacement même d'un campement indien.

Quant au climat de la vallée du Chanchamayo, il est chaud et humide, ainsi que nous l'avons déjà dit. Jusqu'à ce jour, les observations météorologiques y ont été fort rares. Les pluies y tombent, fréquentes et copieuses de novembre ou octobre à avril ou mai. La saison sèche est comprise entre mai et novembre. Les jours y sont fort chauds, mais les nuits sont fraîches. Les températures maximum et minimum oscillent respectivement autour de 30 degrés et 16 degrés centigrades, au-dessus de zéro. La température moyenne peut être estimée en se basant sur celle de régions analogues, comme comprise entre 20 degrés et 21 degrés centigrades.

Malgré la haute température, l'air, pendant la saison sèche, reste presque saturé d'humidité et les deux thermomètres du psychromètre d'August y marquent à peu près la même température, ainsi qu'il appert des observations faites par M. Werthemann.

Au point de vue hygiénique, ce climat, alternativement chaud et humide et sans hiver rigoureux pour tonifier l'organisme, paraît, au premier abord, devoir être malsain pour l'agriculteur européen, comme le sont en général tous les climats analogues sous lesquels l'homme blanc doit s'abstenir de travaux pénibles et continus. Il n'en est rien cependant : les maladies sont presque inconnues au Chanchamayo. Cette circonstance exceptionnelle, qui enlève à cette région privilégiée les inconvénients de sa situation intertropicale, tout en lui en conservant les avantages, est, sans doute, due à sa hauteur, qui atteint près de 1 000 mètres au-dessus du niveau de la mer, ainsi qu'à sa situation qui la rend accessible aux fraiches brises de l'Orient, lesquelles durant le jour, tempérent l'ardeur du soleil, en même temps qu'elles empêchent la stagnation des miasmes qui pourraient se former sous la double et destructive influence de la chaleur et de l'humidité.

Des vents intermittents de la Cordillère rafraîchissent également cette région.

L'absence de maladie de caractère épidémique dans la vallée du Chanchamayo et la possibilité pour l'homme blanc d'y supporter le travail au soleil, sans trop de fatigue et sans danger pour sa santé, ainsi que le prouve l'expérience de plus de 20 années, c'est-à-dire depuis l'époque où les premiers colons furent s'établir dans cette vallée, montrent que l'on a quelquefois considérablement exagéré la prétendue impossibilité de coloniser les régions de la zone torride avec des populations européennes. De ce qu'une telle colonisation n'a pas été possible, à la Guyane, par exemple, ou dans d'autres régions analogues, nous croyons qu'il n'en faut pas conclure qu'elle soit impossible partout: témoin les bons résultats obtenus dans la région qui nous occupe.

L'établissement de colonies européennes, à Chanchamayo et dans toutes les immenses régions environnantes, nous paraît, par conséquent, un problème résolu et qui intéresse au plus haut point l'avenir économique du Pérou.

Les grands fleuves qui avoisinent cette riche et belle région et sillonnent en tous sens le vaste bassin amazonique sont presque tous naviguables pour des embarcations à vapeur, et mettront, par conséquent, cette fertile contrée en relations directes avec l'Atlantique par l'Amazone.

Si l'on considère que ces relations s'effeetuent à travers le territoire brésilien, et si, d'autre part, on interrogé l'histoire qui fera connaître les tendances envahissantes de l'Empire du Brésil depuis l'époque où la couronne de Portugal prit pied sur le continent américain, on reconnaîtra sans peine que la colonisation que le Pérou s'efforce de favoriser sur plusieurs points du versant oriental des Andes, offre également, pour ce pays, un immense intérêt au point de vue politique. Quels liens en effet, unissent les populations de ces régions au Gouvernement de Lima? Aucun, jusqu'à présent, et il est à craindre que leurs relations commerciales que le Brésil s'efforce de favoriser plus que ne l'a fait le Pérou, jusqu'à ce jour, les amènent à oublier que par de-là les hautes montagnes des Andes, sur les bords d'une mer qu'elles ne connaissent que de nom, existe un gouvernement auquel elles doivent obéissance.

Ces considérations expliquent les efforts que le Gouvernement péruvien fait pour favoriser la colonisation des contrées de la *Montaña* les plus voisines de la capitale. Elles expliquent également les dépenses considérables qu'a exigées la construction d'un chemin de fer à travers les pics escarpés de la Cordillère, chemin de fer dont le plus grand nombre est loin d'apprécier la haute importance.

Le Pérou, s'il persiste dans ses nobles vues, peut retirer de cette colonisation les plus grands bénéfices, au triple point de vue économique, politique et social. En outre, puisque, pour le moment, l'émigration chinoise est indispensable sur la côte, si l'on veut y conserver et y développer l'industrie sucrière, l'émigration européenne aura pour conséquence de paralyser les périls, bien exagérés sans doute, que l'on redoute de l'émigration asiatique au point de vue de la civilisation et du progrès moral et politique du pays.

Concessions de territoire dans les pays de colonisation. — La loi de 1832, dont l'objet est de favoriser la colonisation dans le département de Loreto, sur les rives de l'Amazone, en même temps que la navigation des grands fleuves du bassin amazonique, a été, jusqu'à ces dernières années, le seul guide pour les concessions de territoire dans les centres de colonisation des régions transandines. Cette loi, qui distribuait généreusement de fertiles et vastes terrains, n'a pas produit beaucoup d'effet au point de vue de la colonisation; mais comme ses dispositions étaient incomplètes ou insuffisamment étudiées, elle a eu pour conséquence de laisser commettre de nombreux abus. Ainsi quand on a voulu installer la colonie de la Merced dans la vallée du Chanchamayo, on s'est trouvé, tout à coup, au milieu de forêts vierges jusque-là inexplorées et peuplées de sauvages, en présence de propriétaires (jusqu'alors inconnus) du sol, surtout des parties les plus rapprochées des centres habités. Il a fallu souvent reculer les points de colonisation, sauf à éloigner les émigrants des centres d'approvisionnements, dont les séparaient d'épaisses forêts, ayant de prétendus propriétaires qui ne les avaient pas même défrichées, ainsi que l'ordonnait la loi précitée.

Par décret en date du 13 octobre 1874, le Gouvernement décida que les anciens propriétaires de terrain dans la vallée de Chanchamayo avaient perdu leurs droits pour ne s'être pas conformés à la prescription du décret du 22 janvier 1873 ,qui les obligeait à déboiser et à enclore leurs terrains dans le délai de 6 mois et que, par conséquent, leurs réclamations n'étaient point fondées.

La loi du 21 octobre 1832 autorisait les étrangers à s'établir librement sur les rives de l'Amazone. Le sous-préfet de la province où ils se fixaient devait leur donner les terres qu'ils pourraient cultiver, lesquelles leur appartenaient dès lors en toute propriété et jouissaient en outre des privilèges que les lois concédaient aux possesseurs de terres incultes. La superficie qui était concédée variait de 6 à 120 hectares environ (de 2 à 40 fanegadas), selon les facultés et les moyens dont disposaient, pour la mettre en œuvre, les colons, tant nationaux qu'étrangers. Au Gouvernement était réservé d'accorder le titre définitif de propriété de ces concessions, sur le rapport du préfet du département. Les gouverneurs de districts pouvaient également faire des concessions de 6 à 12 hectares, à condition de rendre compte au gouverneur général, qui rendait compte lui-mme au Gouvernement. Quant aux grandes concessions de territoire pour fonder des colonies, elles devaient être faites par le Gouvernement, à titre gratuit, par le moyen de contrats avec les entrepreneurs, lesquels contrats stipulaient les conditions de la colonisation.

Toute concession de terrain devenait nulle si, dans le délai de 18 mois, on n'avait pas commencé à la mettre en œuvre ou à y établir des constructions. Pour les grandes colonies le temps accordé pour la mise en œuvre des terres et peupler la colonie était stipulé par les contrats.

Toutes les propriétés accordées aux émigrants selon la loi de 1832 étaient exemptes de contributions. La loi du 24 mai 1845 exemptait également les colons de toute contribution durant l'espace de 20 années.

La loi du 17 novembre 1849 accordait des primes aux navires qui amenaient des colons au Pérou, et, en outre, le Gouvernement s'engageait à conduire à ses frais les colons jusqu'à leur destination dans la vallée de l'Amazone, ainsi que de leur donner gratuitement des instruments et des graines. Mais cette loi a été abrogée par celle du 6 août 1873, et aujourd'hui il n'existe plus de primes pour l'introduction de colons au Pérou. Néanmoins le Gouvernement pourvoit encore aux premiers frais d'installation des colons, leur fournit des instruments et des graines, dans les conditions que nous indiquerons plus loin.

Quant aux concessions de terrains, elles sont actuellement réglementées par les décrets rendus à l'occasion des concessions faites récemment aux colons établis à Chanchamayo, dans le département de Junin.

Par décret du 22 janvier 1873, le Gouvernement prescrivit au préfet de Junin d'accorder des permis ou autorisations de déboiser le sol aux personnes qui les solliciteraient. Si, après 6 mois, le colon n'avait pas commencé les travaux, l'autorisation qu'il avait reçue était considérée comme nulle et l'on disposait de nouveau des terrains. A ceux qui se conformaient aux conditions de l'autorisation et déboisaient leur terrain le Gouvernement concédait ce terrain à titre de propriété définitive.

Par décret du 6 août 1874, le Gouvernement accorda des concessions exceptionnelles à une petite colonie française qui, la première, s'était établie au Chanchamayo et avait fondé la colonie de la Merced. Chaque colon recevait un quart de lieue carrée de terrain sur les bords de la rivière Chanchamayo, c'est-à-dire 156 hectares environ. Les colons devaient déboiser et cultiver au moins le quart de la concession, dans le délai de deux ans. Le même décret autorisait les colons à vendre, en pleine propriété, la partie de terrain qu'ils avaient déjà déboisée et close. Il les obligeait à conserver en bon état les chemins qu'il pourrait être nécessaire de tracer dans leur propriété.

Le titre de propriété qui leur avait été donné par acte public devenait nul, et les terres rentraient dans le domaine de l'État, si les colons ne déboisaient pas le quart du terrain qu'ils avaient reçu, dans le délai indiqué de deux ans. Toutefois la partie déjà cultivée restait leur propriété.

Quant aux autres concessions de terrain qui devaient être faites au Chanchamayo, le décret du 6 août les soumet au décret du 22 janvier 1873, dont nous venons de parler, à condition que ces autorisations de déboiser que devait leur accorder le Préfet de Junin se rapporteraient à une superficie qui mesura 300 mètres de front sur 500 mètres de fond, c'est-à-dire 15 hectares, pour chaque personne. Les familles ou associations de colons devaient recevoir la même étendue pour chaque personne adulte qu'elles comptaient. Enfin le décret qui nous occupe fut déclaré applicable à tous les terrains que l'on gagnerait sur les sauvages des régions de la Montaña.

Plus tard, et par décret du 22 octobre 1874, le Gouvernement modifia la clause du décret du 6 août 1874, qui déterminait la forme des concessions de terrain au Chanchamayo, et décida que ces concessions seraient de 500 mètres de front sur 500 de fond, ou 25 hectares. Le même décret décidait, en outre, qu'à tout colon qui aurait déboisé et cultivé la moitié d'un lot, on concéderait quatre lots en plus à l'endroit qu'il choisirait, pourvu que ce ne fût pas sur le bord des rivières Chanchamayo et Tulumayo.

En vertu du même décret du 22 octobre 1874, les familles qui s'établissaient au Chanchamayo et se livraient à l'agriculture pouvaient recevoir un lot de terrain pour chacun de leurs membres âgé de dix-huit ans, sans distinction de sexe, et un lot pour chaque fois deux individus âgés de moins de 18 ans.

Pour la première adjudication de terrain faite aux colons de Chanchamayo, on disposait la concession de telle sorte qu'elle eût 500 mètres de rives sur le Chanchamayo ou sur le Tulumayo, mais quant aux autres concessions, auxquelles donnait droit le décret du 22 octobre 1872, elles devaient être prises sur d'autres points, afin de conserver de l'espace pour de nouveaux colons au bord des rivières.

Le décret du 11 janvier 1876 indique la forme sous laquelle les colons recevront le titre définitif de propriété des terres qu'ils ont cultivées. Ce titre doit leur être donné par le préfet du département de Junin, sur leur demande écrite, qui doit être accompagnée du plan du terrain, certifié par la *section des terres* de la colonie quant à sa mesure et à ses limites, et d'un certificat de l'administrateur de la colonie qui justifie que le terrain est cultivé.

L'acte de la concession, signé par le préfet et par le colon constitue le titre de propriété de ce dernier. Le juge de première instance de Tarma met le colon en possession de la terre, les frais d'acte et de prise de possession étant à la charge du propriétaire.

Tel est, en quelques mots, le régime sous lequel sont faites les concessions de terrain, au Pérou, dans les centres de colonisation.

Quant au régime de colonisation, il est sous la direction d'une société créée, en 1872, par le gouvernement, sous le nom de *Société d'émigration européenne*. Cette société avait pour but d'encourager et de faciliter l'émigration, par tous les moyens qu'elle estimerait appropriés, en se chargeant des frais de transport, d'alimentation et de première installation des émigrants.

La Société d'émigration commença ses travaux en mars de l'année 1873.

Cette société, composée de vingt-cinq membres, est divisée en cinq sections de cinq membres chacune qui s'occupent respectivement, quant à l'émigration :

1° De l'Angleterre et de l'Irlande ;
2° De la France, de la Belgique et de la Suisse ;
3° De l'Allemagne, de l'Autriche et de la Hollande ;
4° De la Suède, de la Norvège et du Danemark ;
5° De l'Italie, de l'Espagne et du Portugal.

La Société d'émigration est chargée de gérer les fonds votés par le Congrès pour favoriser l'émigration européenne ; de représenter les émigrants auprès du gouvernement et d'assurer les paiements de leur voyage, ainsi que de leur procurer le logement et la nourriture à leur arrivée, jusqu'à ce qu'elle les réexpédie aux lieux où ils doivent résider. C'est cette société qui distribue les terrains que le Gouvernement met à sa disposition pour les émigrants, et c'est elle qui fixe l'impôt qu'ils doivent payer, s'il y a lieu, ainsi que les autres conditions de la possession du terrain qui leur est concédé.

Les émigrants agriculteurs reçoivent de la société, pour une seule fois, les graines qu'ils doivent semer et des animaux domestiques ; les artisans trouvent du travail par les soins de la société, qui surveille les contrats de location de leurs services.

La Société d'émigration a des agents en Europe qui sont chargés de la représenter et de faire le choix des émigrants qui désirent venir au Pérou. A la suite de la propagande faite par ses agents, la société a reçu des offres nombreuses d'émigrants, principalement d'Italiens, mais elle a dû en limiter l'acceptation par suite de la limite des fonds qui lui étaient alloués pour le paiement des frais de transport et de première installation. Les avantages sérieux qu'offre le Pérou à l'émigrant européen sont la cause de cette offre considérable de bras de l'ancien continent. Malheureusement, les agents en Europe ne se sont pas toujours sérieusement préoccupés du choix des émigrants qu'ils envoyaient. La société leur avait-elle donné des instructions insuffisantes, ou bien les agents, qui sont absolument irresponsables, ne se sont-ils pas conformés aux ordres qu'ils avaient reçus ? Nous l'ignorons, mais ce que nous savons, c'est qu'au lieu de recevoir des agriculteurs, la Société d'émigration recevait des artisans exerçant les professions les plus diverses ; au lieu de recevoir des familles, elle ne recevait presque que des célibataires.

Les recrutements d'émigrants demandent un soin tout particulier pour être bien faits. Les habitants des campagnes aiment les champs qui les ont vus naître et que, de père en fils, ils ont fécondés de leur sueur. Leur simplicité, leur caractère paisible, souvent même timide, ne les disposent guère à la fièvre des aventures. Un voyage à grande distance, à travers l'Océan, vers l'inconnu, les effraie, surtout s'ils sont pères de famille, honnêtes et laborieux.

Il est clair que si les agents chargés de recruter des émigrants n'agissent pas avec la prudence et le tact, nous dirons même le dévouement, que comporte leur mission, ils n'expédieront aux centres de colonisation que des aventuriers, quelquefois sans profession connue, sans amour exagéré pour le travail et qui, munis d'antécédents souvent, rien moins qu'honorables, signent volontiers l'engagement ou le contrat qu'on leur présente, car rien ne les retient au sol natal; un voyage par delà les mers, vers des centres de colonisation lointains, au lieu de les effrayer, leur offre tout l'attrait des aventures et de l'inconnu, quand il n'est pas pour eux un moyen d'échapper à la vindicte de l'opinion publique ou même au châtiment de la loi.

De tels émigrants sont souvent plus nuisibles qu'utiles à la colonisation, on se l'explique facilement, et, malheureusement, le Pérou peut en parler par expérience, s'il étudie l'histoire de sa colonie de Chanchamayo.

La responsabilité de tels faits pèse de tout son poids sur la Société d'émigration, société qui, malheureusement, a été loin de répondre à la confiance que le Gouvernement avait déposée en elle. La mauvaise direction de ses travaux a paralysé d'une manière considérable le développement de la colonie nouvellement fondée. Les efforts du gouvernement et les importants sacrifices financiers qu'il a faits, en vue de la réalisation d'une grande idée, comme l'est celle de la colonisation de la fertile région du Chanchamayo, sont venus échouer contre l'administration vicieuse et l'incompétence notoire d'une société qui a toujours semblé mettre au nombre de ses moindres soucis le succès de l'entreprise pour laquelle elle avait été fondée. Nous pensons qu'il importe de le déclarer bien haut, afin que les émigrants honnêtes et laborieux qui désirent se diriger vers le Pérou, soient éclairés et ne méconnaissent pas la valeur et l'importance réelles du centre de colonisation dont nous nous occupons.

Heureusement, les avantages que la riche vallée du Chanchamayo offre aux travailleurs sont si palpables et si importants que, malgré la mauvaise direction de la société d'émigration, la colonie de cette région est en voie de progrès, et compte déjà d'importantes exploitations qui donnent les plus légitimes espérances au point de vue financier. Ce ne sont pas seulement des émigrants européens qui aujourd'hui vont se fixer à Chanchamayo, mais bien des capitalistes de divers points du Pérou, qui comprennent déjà les brillants résultats que cette zone fertile promet à l'industrie agricole.

Améliorations foncières qui s'immobilisent dans le sol. — (Constructions, drainages, irrigations, clôtures, chemins, etc.) — Les améliorations foncières ne sont pas très-importantes, au Pérou, pour le moment, et pourtant leur besoin se fait souvent vivement sentir. A part les nouvelles usines qui se sont fondées pour la fabrication du sucre et quelques grandes exploitations cotonnières, les constructions agricoles de la côte sont assez simples et d'assez peu d'importance, ce qu'il est facile de s'expliquer pour une région où il ne pleut jamais et où les froids rigoureux de l'hiver sont inconnus.

Dans les petits villages de la Costa, où l'Indien cultive le strict nécessaire pour son alimentation ou pour se procurer les sommes, bien minimes dont il a besoin pour acheter ce que ne lui produit pas son travail, on peut dire que les constructions agricoles sont nulles.

De simples et pauvres cabanes en roseaux, ou bien quatre murs, le plus souvent de pierres sèches ou de terre foulée, couverts d'un toit de chaume ou de roseaux sous lequel le cultivateur et sa famille s'abritent, en même temps que leurs animaux de basse-cour, en font tous les frais.

Les grands animaux sont parqués durant la nuit dans une cour découverte, fermée par des pieux ou par des murailles de pierres sèches ou de terre foulée, ou simplement attachés à un arbre voisin de l'humble habitation de l'Indien.

La grande exploitation possède quelquefois de vrais bâtiments faits le plus souvent de terre foulée, mais, pour la plupart, vastes et commodes, offrant parfois un certain air de luxe. Les animaux de toute sorte sont relégués en lieux convenables, dans des étables et des écuries quelquefois, mais le plus souvent dans de vastes cours clôturées par des murs de terre foulée et découvertes. Là, ils passent la nuit, et le jour on les occupe au travail ou on les tient au pâturage. Ces murailles économiques de terre foulée se retrouvent sur toute la côte. Quelquefois on emploie des briques crues (*adobes*) pour les diverses constructions rurales.

Les grandes cités, Lima même, ne sont à proprement parler que des villes de boue, qu'une pluie un peu abondantes détruirait facilement et que le vent emporterait ensuite au loin.

Dans les nouvelles constructions, cependant, on commence, surtout dans les grandes villes, à user de la pierre naturelle et artificiellel ou de la brique cuite et du mortier, principalement pour les murs extérieurs du rez-de-chaussée.

L'étage supérieur, quand il existe (il y en a rarement deux) est toujours fait de terre mêlée de débris de paille et de fumier de cheval. On dresse sur l'étage inférieur des montants en bois, d'à peine dix centimètres d'équarissage, et entre lesquels on cloue des roseaux (*Gynerium saccharoïdes*) ou bien des tiges fendues, ou mieux ouvertes et étalées, du *Guadua angustifolia*, connu au Pérou sous le nom de *canne de guayaquil*, que l'on recouvre ensuite d'une mince couche de terre formant ainsi une espèce de torchis d'environ dix centimètres d'épaisseur. Ce torchis sèche rapidement et reçoit ensuite un lait de chaux intérieurement et, extérieurement, une couche de peinture, quelquefois précédée d'un crépissage.

Ce genre de construction a sa raison d'être sur la côte du Pérou. D'abord, il est fort économique et suffisamment solide dans un pays où il ne pleut et où il ne gèle jamais. Il offre, en outre, un immense avantage : c'est d'être très-élastique et de mieux résister à l'action des tremblements de terre que ne le feraient de solides constructions en maçonnerie.

Quant aux bâtiments d'exploitation des nouvelles grandes fabriques de sucre, ils sont fort bien entendus. La plupart sont en maçonnerie, au moins dans leur partie inférieure. La disposition générale de ces bâtiments, ainsi que leur aspect extérieur, sont quelquefois à la hauteur des meilleures installations industrielles de l'Europe.

Les améliorations de la ferme, hors du bâtiment sont assez limitées. Les clôtures, comme nous l'avons déjà dit, sont le plus souvent de terre foulée (*tapias*). Rarement ce sont des haies vives, mal entretenues et d'essences mal choisies. Les chemins sont rares et mauvais. Le sol étant léger et les voies de communication mal ou nullement entretenues, il en résulte de grandes difficultés pour l'exploitation et les transports. Quand une ornière est trop profonde, c'est le plus intéressé à ce qu'elle disparaisse qui la fait combler. Le mauvais aménagement des eaux d'irrigation les conduit souvent au milieu des chemins, qu'elles rendent impraticables; les *tapias* font dans ce cas l'office de trottoirs.

La culture ne s'effectuant que grâce à l'irrigation, on s'expliquera facilement que les chemins soient coupés à chaque instant par les fossés de conduite des eaux (*acequias*), ce qui oblige à construire des ponts qui sont aussi nombreux que rudimentaires : des morceaux de bois ou des troncs d'arbres jetés sur les fossés et couverts de ramages, d'herbes sèches et de terre, en font tous les frais. Ces ponts, en général, s'effondrent vite et se criblent de trous plus ou moins grands et fort appropriés pour que les animaux qui circulent se cassent les jambes. Là encore, c'est le plus intéressé à ce que le trou disparaisse qui le bouche. Si personne ne s'intéresse à réparer le pont, celui-ci disparaît peu à peu, et, hommes et bêtes, passent le fossé comme ils peuvent : c'est tout simplement une immense incurie. Les intérêts de la vicinalité sont presque complètement négligés au Pérou. Il n'y existe, en généra pas de routes carrossables, même aux environs des villes, sans excepter Lima, qui n'en compte que le petit fragment qui l'unit au Callao, sur un parcours de 8 à 10 kilomètres.

L'État éprouve de sérieuses difficultés à changer cet ordre de choses, et les particuliers sont trop habitués à compter sur l'État pour y songer eux-mêmes, à moins qu'un intérêt direct et considérable ne les y oblige. C'est l'une des calamités qui frappent généralement les peuples habitués à vivre sous l'égide d'un *Gouvernement-Providence*, comme l'a été jusqu'à présent celui du Pérou, qui, par son intervention directe dans tous les besoins matériels du pays, a diminué considérablement l'initiative privée des citoyens dont les efforts auraient été certainement fort salutaires au progrès matériel de la nation. Nous sommes de ceux qui pensent que l'intérêt personnel peut, en beaucoup de cas, remplacer avantageusement l'action gouvernementale et qu'il suffit, à lui seul, pour tenir en éveil l'activité et l'intelligence de tous et même donner du talent et de l'initiative à ceux qui semblent en manquer le plus.

Le climat de la côte du Pérou, seul point où, pour le moment, l'agriculture soit un peu développée, ainsi que la nature sableuse du sol de cette région, rendent les opérations de drainage assez rares. Il est néanmoins des terrains bas fort humides qu'il est indispensable de dessécher avant de les livrer à la culture. L'unique méthode d'assèchement, employée au Pérou, consiste à pratiquer des fossés, plus ou moins larges et plus ou moins profonds autour de chaque pièce des terrains que l'on veut dessécher (*drainage extérieur*). Les tubes de terre cuite et poreuse, pour le drainage, n'ont pas encore été employés que nous sachions, par l'agriculture de la côte, et cependant nous croyons que leur application au dessèchement du sol (*drainage intérieur*) rendrait de véritables services dans certains terrains bas et humides, que le système de rigoles, quelque profondes qu'elles soient, ne peut dessécher convenablement, à moins qu'on ne les multiplie au-delà des limites que permet la pratique d'une culture économique bien entendue.

En outre, les terrains humides et marécageux de la côte du Pérou sont, en général, très-salés. Ils contiennent de grandes quantités de sel marin, ou de sulfate de soude, ou de sel de magnésie et de petites quantités de nitrates, ce qui les rend impropres à beaucoup de cultures et principalement à celle de la canne à sucre, car bien que cette plante se développe vigoureusement dans de tels terrains, elle ne donne un produit sucre que très-limité, d'un travail fort difficile et d'une qualité fort médiocre. Il nous semble évident qu'un bon système de drainage intérieur, combiné avec des labours profonds, permettrait, en peu de temps, de débarrasser le sol de cet excès de sels minéraux qui sont si nuisibles aux récoltes, au point quelquefois de les annuler presque complétement.

Après la question des bras, celle qui intéresse certainement le plus l'agriculture de la côte péruvienne est assurément la question irrigation.

Bien que l'étendue de cette région, qui, avec de l'eau, pourrait-être livrée à la culture, dépasse sans doute 200 000 kilomètres carrés, ou 20 millions d'hectares, elle ne renferme peut-être pas actuellement 500 000 hectares en culture, c'est-à-dire à peine la quarantième partie du sol que pourrait utiliser l'industrie agricole si elle disposait d'une quantité d'eau suffisante pour l'irriguer.

Sur la côte du Pérou, en effet, l'un des plus puissants éléments de la production végétale, élément aussi indispensable que l'air à la vie des plantes, l'eau, manque presque partout. Celle qui existe, est distribuée selon d'anciennes ordonnances, généralement vicieuses, mais toujours laissant beaucoup à désirer, et qu'il est impossible de modifier au Pérou, comme dans tous les pays, sans porter atteinte au droit de la propriété, l'une des bases les plus sacrées de la société. L'eau d'un grand nombre de vallées de la côte n'est soumise à aucun règlement quant à sa distribution, et il paraît, qu'à ce point de vue, il est tout aussi difficile de faire des ordonnances nouvelles que de modifier les anciennes. Il résulte de là un emploi peu économique de l'eau d'irrigation et des désordres fréquents qui se terminent souvent par des luttes sanglantes entre les propriétaires voisins, qui, armés de pied en cap, viennent, avec ou sans raison, détourner l'eau d'irrigation au profit de leurs propres récoltes et au détriment de celles du cultivateur voisin.

Les particuliers, aussi bien que l'État, s'occupent activement des questions d'irrigation de la côte, en projetant des travaux, soit pour mieux utiliser les eaux du versant occidental des Andes, soit pour dévier vers le Pacifique celles qui arrosent le versant oriental de la Cordillère. Mais, pour le moment, il n'y a là que des projets.

On peut néanmoins citer sur la côte du Pérou quelques importants travaux d'irrigation exécutés par des particuliers. Tels sont ceux d'un intelligent et riche capitaliste, M. Derteano, qui, après avoir acquis dans le département d'Ancachs une immense étendue de sables arides et brûlés par le soleil, s'est occupé de l'irriguer et y est arrivé heureusement, en se servant de l'aqueduc dit de *Chimboté*, espèce de canal creusé ou construit par les Incas, sur le versant oriental des derniers contre-forts de la Cordillère. Ce canal a été abandonné durant plus de deux siècles, pendant lesquels l'aridité la plus complète a régné dans les régions qu'il arrosait jadis et transformait en fertiles oasis semées au milieu d'un désert de sable, avant que la conquête espagnole renversât le trône des glorieux fils du Soleil, qui, soit dit entre parenthèses, s'occupaient plus de développer l'agriculture de leur pays que ne le firent jamais les Espagnols et que ne l'a fait jusqu'alors le gouvernement du Pérou indépendant.

L'ouverture et la réparation de ce canal, sur une étendue de 25 kilomètres, n'a pas coûté moins de 360 000 soles.

Son débit est de 7 à 8 pieds par seconde et permet d'irriguer les 3 700 fanegadas de terrain, c'est-à-dire plus de 10 000 hectares, que possède M. Derteano dans cette région et qu'il emploie presque exclusivement à la culture de la canne, n'exceptant qu'une faible portion consacrée à la culture du mûrier, en vue de l'éducation des vers à soie et à celle du ramié (*Boehmeria nivea*).

Le Gouvernement, de son côté, a fait étudier par ses ingénieurs plusieurs importantes questions d'irrigation. Quelques-uns des projets qui lui ont été soumis ont été exécutés, tels, par exemple, que celui qui avait pour but d'augmenter les eaux du *Rimac* au moyen du barrage de grandes lagunes situées presque au sommet de la Cordillère, à plus de 4 500 mètres au-dessus du niveau de la mer; tels encore que l'ouverture du canal dit *Uchusuma*, en vue de l'irrigation des plaines du département de Tacna.

Dans toute la région de la Costa, les chemins ne sont pas précisément mauvais, surtout ceux qui suivent le bord de la mer, puisque cette partie du Pérou n'est, pour ainsi dire, qu'une vaste plaine de sable. Néanmoins, ils ne manquent pas d'offrir de sérieux inconvénients pour les voyageurs qui les parcourent, surtout pour ceux qui n'en ont pas l'expérience ou qui sont mal montés. Le plus grand inconvénient de la plupart des chemins de la côte est dû aux immenses plaines de sable qu'ils traversent et qui, sur des parcours de 60 ou 80 kilomètres et plus, n'offrent pas une goutte d'eau pour apaiser la soif des animaux altérés par les particules fines et brûlantes de sable mêlées à l'air qu'ils respirent. Aussi les principaux indices qui permettent, au milieu de ces sables plus ou moins mobiles, de reconnaître la direction de la route à suivre sont-ils les ossements de nombreux animaux, chevaux, ânes et bœufs, qui sont morts de fatigue et de soif au milieu de ces inhospitalières solitudes. Bien qu'il n'y ait pas d'eau à la superficie, le long de tels chemins, il n'est pas rare d'observer certains points où croissent quelques graminées et quelques arbres plus ou moins rachitiques, qui sont, cependant, l'indice d'eaux souterraines.

Malheureusement, ni l'administration ni les particuliers n'ont, jusqu'à ce jour, songé à faire creuser sur ces points des puits qui rendraient les plus grands services aux passants, hommes et bêtes, et surtout aux bêtes de somme et aux troupeaux qui traversent lentement ces déserts sous les rayons d'un soleil brûlant, respirant un air chaud et sec, épaissi souvent par les fines particules de sable, et qui meurent fréquemment au milieu de la route.

Les chemins qui vont du bord de la mer à la Sierra, par chacune des vallées qui descendent à la côte, entre les contre-forts de la Cordillère, offrent des inconvénients qui, pour n'être pas les mêmes, n'en sont pas moins désagréables. Ces chemins, qui suivent en général le bord de la rivière, sont tracés sur un terrain plus résistant que les sables du bord de la mer, ce qui facilite la marche des animaux; mais ils sont le plus souvent fort étroits et ne permettent que le trajet à cheval. Très-souvent ils sont tracés sur les flancs escarpés de la montagne et dominés par des rochers qui ne permettent le passage aux bêtes de somme que si leur charge est étroite et peu élevée. Bien à plaindre sont les muletiers qui se rencontrent venant en sens contraire par ces étroits sentiers : l'un des deux doit quelquefois reculer à plusieurs kilomètres de distance, pour permettre le passage à l'autre et pouvoir passer lui-même.

La plupart de ces chemins de la Sierra traversent la Cordillère à des hauteurs qui varient de 4 000 à 5 000 mètres et auxquelles il n'est pas rare que, voyageurs et animaux, souffrent des terribles effets de l'air raréfié, effets communs à toutes les grandes altitudes et que l'on désigne au Pérou sous le nom de *soroche* ou *veta*.

Tous ces inconvénients font que, sur la plupart de ces chemins, les frets sont énormément chers, ce qui empêche beaucoup de riches produits de la Sierra et de la Montana de pouvoir être transportés avantageusement sur les marchés de la Costa.

Tandis que les chemins de la Costa sont presque plans et en ligne plus ou moins droite, ceux de la Sierra gravissent des pentes souvent considérables, offrant fréquemment des angles très-accentués, et comme en ces points ils sont quelquefois fort étroits et, pour ainsi dire, suspendus aux bords des précipices, leur trajet n'est pas toujours sans péril. Heureusement les mules du pays, la meilleure monture pour ces sortes de routes, sont excessivement prudentes et très-adroites pour éviter les mauvais pas. Ce que le voyageur a de mieux à faire, le plus souvent est de se confier entièrement à sa monture, dont les sabots étroits, défavorables aux voyages sur la côte, sont si avantageux dans ces sentiers rocailleux.

Le sol de la Sierra étant très-accidenté et formé par l'alternance de hauts contre-forts de la Cordillère et de profondes vallées ; il en résulte que les chemins montent ou descendent constamment, et, comme la marche directe n'est pas toujours possible, les étroits sentiers que l'on est convenu d'appeler chemins dans cette région font d'immenses détours, suspendus aux flancs des montagnes, et, passant d'une vallée à l'autre, parcourent de longues distances pour unir des points quelquefois très-rapprochés à vol d'oiseau. Assez souvent ces chemins n'offrent aucune ressource pour l'alimentation des hommes et des animaux, mais il arrive fréquemment que, dans certaines vallées de la Sierra, ils traversent de fertiles régions où, hommes et bêtes, trouvent amplement à satisfaire leurs besoins.

Ces mauvais chemins sont une cause presque insurmontable de la paralysie de la production agricole dans toute la fertile région de la Sierra. Pourquoi, en effet, produire plus que ne demande la consommation, quand il n'y a pas de débouchés?

Nous verrons plus loin que le Gouvernement a cherché à atténuer les effets de ce mal par la construction de plusieurs voies ferrées qui unissent la Sierra à la Costa, mais ces voies, étant très-coûteuses, ne peuvent être multipliées suffisamment pour répondre à tous les besoins de l'industrie agricole, et il faudra bien que, tôt ou tard, le Gouvernement ou les départements, ou même les communes, s'occupent sérieusement d'améliorer l'état des voies de communication.

Les chemins vicinaux de la côte ne sont pas classés et, à plus forte raison, ceux des diverses autres régions du territoire péruvien. Leur direction, leur largeur, leur mesure, quant aux distances, etc., ne sont soumises à aucune réglementation officielle, d'où il résulte que leur administration est assez difficile et que les municipalités jalouses du bon service de la vicinalité se heurtent à chaque instant contre les difficultés de tout genre que suscite l'intérêt des particuliers, le tout au plus grand détriment des intérêts de la production agricole. Tel propriétaire intercepte tel chemin pour faciliter ses cultures, tel autre change sa direction selon qu'il convient à ses intérêts, tous négligent leur entretien et les détruisent même en les inondant du trop plein de leurs conduites d'eau. Les municipalités prennent des mesures pour fair ecesser cet état de choses, mais les propriétaires résistent à ces mesures. L'indolence traditionnelle de tous fait le reste.

Les règlements de distribution des eaux d'irrigation, quand ils existent, prescrivent néanmoins formellement que tous les fossés communaux de conduite des eaux doivent être côtoyés de chaque côté par des petits chemins qui facilitent leur vigilance, et, en outre, que chaque propriétaire doit établir les conduites nécessaires pour que le surplus des eaux qu'il emploie n'inonde pas les voies de communication. Malheureusement, la plupart des propriétaires opposent une résistance absolue à se soumettre à ces deux sages prescriptions.

La corvée en nature, qui produit de si bons effets pour l'entretien et la réparation des chemins, n'existe généralement pas au Pérou. La part que l'État, les départements et les communes doivent prendre à cet entretien et à ces réparations n'est pas définie, d'où il résulte que les chemins ne sont, le plus souvent, ni entretenus ni réparés. Il est permis d'espérer que la nouvelle organisation des municipalités pe mettra à ces corporations d'améliorer l'état de la vicinalité au Péro

Les principales améliorations des voies de communication se fo presque toujours, pour le moment, aux frais de l'État, avec ou sans concours des municipalités. Sans parler du vaste réseau de voies ferré dont le Gouvernement a entrepris l'établissement, on peut citer parı l'une des plus importantes de ces améliorations celle de la route q unit Lima au Callao. Cette route rend de grands services au traı entre ces deux villes, bien qu'elle passe entre deux chemins de f qui unissent le principal port du Pacifique à la capitale du Pérou.

Outre la route de Lima au Callao, nous citerons les projets suivan d'amélioration des voies de communication :

Le Congrès de 1876 a voté les fonds nécessaires pour unir par uı route carrossable la ville de Cajamarca avec la Viña, qui est reliée a port de Pacasmayo par une voie ferrée. Le parcours de cette route seı de 36 kilomètres et la dépense projetée est d'environ 165 000 soles.

La Société d'émigration européenne a entrepris d'unir Tarma à l Merced, centre de la colonie de Chanchamayo, par une route carros sable dont elle a dû abandonner la construction.

D'ailleurs l'utilité de cette route ne se fait pas sentir d'une manièr indispensable. Un bon chemin de cavaliers serait suffisant. Nou faisons cette remarque avec d'autant moins de crainte que le tracé d la route projetée était d'une exécution très-difficile et demandait d fortes dépenses. En certaines sections, le prix s'élevait à 48 230 sole par kilomètre, quand on aurait pu, pour 200 000 soles, faire un chemin de cavaliers, de Tarma à la Merced, c'est-à-dire sur un parcour de 90 kilomètres environ. Il nous suffira de dire que, sur un parcour de 2 kilomètres de cette voie, où il n'y avait aucune œuvre d'art importante à faire, on a dépensé près de 200 000 soles, pour justifier notre appréciation sur l'administration de la Société d'émigration européenne.

Les capitaux importants que l'on place dans les exploitations agricoles de Chanchamayo permettent d'espérer que les intéressés s'entendront pour améliorer le chemin existant déjà et mettre ainsi leurs propriétés en communication, facile et rapide, avec des centres de consommation ou d'exportation de leurs produits. Le Gouvernement, leur venant en aide par une légère subvention, assurera, sans entrer dans la voie des grandes dépenses où des conseils inexpérimentés ou intéressés l'avaient jeté, une communication facile entre la côte et le principal centre de colonisation de la Montaña.

CHAPITRE II

LES CAPITAUX.

Au Pérou, il est bien difficile, pour le moment, comme il arrive même dans beaucoup de pays plus anciens, d'obtenir des données exactes sur le capital agricole, sur sa nature, son chiffre, ses relations avec la surface cultivée et sa répartition entre les diverses cultures. La statistique agricole, ainsi que nous l'avons dit, est à peine organisée, et de longues années passeront avant que l'on recueille les fruits que peut fournir cette importante branche de l'administration publique. Le capital agricole au Pérou, comme partout, est formé par la rente du sol, la valeur des récoltes en terre ou en magasin et le matériel agricole, dans lequel figurent les animaux domestiques.

Seulement, au Pérou, il y a un autre élément qui prend rang dans le capital agricole et qui est inconnu en Europe, par exemple: ce sont les bras. Sans doute l'esclavage a été supprimé dès 1854, ainsi que nous l'avons déjà dit, mais cette suppression a été plus apparente que réelle. On a rendu la liberté à la race noire et on a réduit la race mongolique à un semi-esclavage que beaucoup considérent comme un esclavage complet et que d'aucuns regardent comme plus dur même que celui qui opprimait la race africaine avant l'émancipation des esclaves.

Quoi qu'il en soit de l'interprétation qu'on accorde à l'usage, pour les travaux des champs, des bras mercenaires engagés sur la côte orientale de l'Asie, il n'en est pas moins vrai que ces bras, bien qu'ils ne soient loués que temporairement, constituent une certaine partie du capital des exploitations agricoles du Pérou. Dans la grande culture industrielle, il n'est pas rare de voir dans une même propriété un capital de 100 000, de 200 000 soles, et quelquefois plus, évalué en Chinois.

Il est bon de noter que ce capital, comme celui destiné à l'achat d'autres machines agricoles, est essentiellement renouvelable. Sa durée est de huit années.

La loi péruvienne considère le capital comme meuble ou comme immeuble, mais, dans le cas particulier du capital agricole, le code civil déclare formellement que ce capital est immeuble. Le capital agricole d'une ferme ne peut être saisi ni mis à l'enchère pour payer la location de la ferme, tant que dure le bail, mais seulement quand celui-ci a été resilié ou est arrivé au terme de son échéance.

Institutions pour favoriser le crédit agricole. — Il s'est formé, dès 1866, au Pérou, deux établissements de banque ayant pour principal objet de favoriser le crédit agricole : l'un est la *Banque territoriale hypothécaire*; l'autre la *Banque de crédit hypothécaire*.

Leurs statuts sont analogues et ces deux établissements ont toujours compté les intérêts de l'agriculture au nombre de leurs moindres soucis

Il est vrai que rien ne les obligeait à protéger cette industrie ni à favoriser son progrès, n'étant pas d'ailleurs les seuls établissements de crédit qui lui prêtassent des capitaux.

A une époque peu éloignée, il y eut au Pérou de grands capitaux en disponibilité, c'était après 1867. La guerre de sécession des États Unis était finie depuis deux ans; l'industrie agricole de ce pays, quelque temps compromise par l'horrible lutte qui lui prit ses bras et par la paix qui lui enleva ceux que la guerre n'avait pas inutilisés, se relevait peu à peu. Son principal produit, le coton, *le roi coton*, selon l'expression d'un illustre agronome, reprenait sa place sur le marché, et le Pérou qui, à l'ombre de la hausse déterminée par la guerre, avait pu se livrer avec succès à la culture du précieux textile, vit qu'il ne pourrait pas soutenir la lutte, au moins sur certains points de la côte, où les nuits fraîches sont peu favorables à la culture de cette plante. Ce fut le signal du développement de l'industrie sucrière; ce fut l'origine de ces grandes et belles exploitations de canne à sucre qui ornent la côte du Pérou et qui ne redoutent la comparaison avec celles de nul autre pays sucrier. Mais pour transformer une exploitation cotonnière en une exploitation sucrière, il faut de grands capitaux, surtout quand il s'agit d'installations qui produisent de 10 à 20 tonnes de sucre par jour.

Les établissements de crédit, tant hypothécaires que les autres banques locales, offrirent ces capitaux, dans des conditions, il est vrai, un peu dures pour l'agriculture; car, il faut bien le reconnaître, cette belle et noble industrie n'est pas assimilable aux autres industries quant aux crédits dont elle a besoin. Ces crédits doivent lui être accordés dans des conditions spéciales. Puisque l'agriculture offre plus de garantie au prêteur que beaucoup d'autres industries, il semble naturel qu'elle soit traitée avec plus d'égards et plus de douceur. Ses bénéfices ne sont pas ceux d'un joueur : elle ne saurait supporter l'usure.

Les établissements de crédit du Pérou, répondent-ils à ce besoin ? Hélas ! non. Ce sont des maisons de prêts, comme on les qualifie quelquefois, qui, presque toutes, émettent des billets au porteur et *font des affaires*.

Rien de plus juste et de plus honorable; toutefois, il n'en reste pas moins vrai que, vu cet état de choses, l'agriculture péruvienne manque d'établissements spéciaux de crédit et se voit obligée de recourir aux diverses banques locales, et de se soumettre aux conditions qui lui sont faites et qui, nous le répétons, ne lui conviennent nullement.

Dans les grandes cultures industrielles, le capital agricole est considérable et n'entre pas toujours dans les contrats d'hypothèques. Ce capital pourrait être une garantie excellente pour beaucoup de prêts à courte échéance qui rendraient les plus grands services aux agriculteurs. Les prêts sur les récoltes surtout sont essentiellement applicables à la côte du Pérou, où ces récoltes sont asurées par l'absence complète d'accidents climatériques et météorologiques, comme les froids, les pluies et sécheresses intempestives, les ouragans dévastateurs, etc., qui, en d'autres régions, détruisent en partie ou presque totalement les récoltes sur lesquelles on fondait les plus légitimes espérances.

Il faut néanmoins réconnaître que la Banque territoriale hypothécaire et celle du Crédit hypothécaire ont rendu de grands services au pays et ont contribué au développement de son agriculture. En accordant des prêts à longue échéance sur hypothèques de propriétés rurales et urbaines, elles ont mobilisé la fortune immobilière et leur mode de remboursement par annuités, comprenant l'intérêt et le capital d'amortissement, a permis et facilité le développement notable qu'a pris l'agriculture depuis une dizaine d'années.

CHAPITRE III

LE TRAVAIL.

Selon le recensement de 1876, la population a augmenté d'environ 200 000 âmes depuis l'année 1862. Cette augmentation est très-faible, ce qu'il faut attribuer sans doute à une terrible épidémie, la fièvre jaune, qui, en 1868, a fait de nombreuses victimes sur la côte, et à des maladies régnantes dans certaines régions de l'intérieur, qui, comme le fait la variole, par exemple, déciment parfois la population.

La population péruvienne n'émigre pas sur une vaste échelle. Le Pérou reçoit plutôt les citoyens des Républiques voisines qu'il ne leur envoie les siens. Lima est surtout un centre d'attraction et ce n'est pas un vain hommage qu'on lui rend en l'appelant la *Perle du Pacifique.* Le courant d'émigration péruvienne le plus prononcé est dirigé vers l'Europe, mais il n'y a que le petit nombre à qui cette pérégrination, fort coûteuse, soit permise, attendu que le Péruvien ne va pas en Europe pour travailler et chercher fortune, mais pour y dépenser ses revenus. Il n'en est pas moins vrai que cette émigration, quoique fort restreinte, a les plus funestes conséquences pour la situation économique du pays, en général, et de l'industrie agricole, en particulier.

La colonie péruvienne qui habite Paris ou Londres est généralement fort riche. Avec elle sont sortis du Pérou d'immenses capitaux, souvent formés rapidement, et presque toujours, plus ou moins directement, aux dépens du fisc national, qui semblait se complaire à accélérer la ruine du pays pour enrichir des particuliers, en accumulant les unes sur les autres les erreurs financières et les fautes économiques les plus graves.

Les capitaux qui, grâce aux complaisances des Gouvernements antérieurs à celui de 1872, ont passé si vite et si facilement de la caisse de l'Etat aux mains d'un petit groupe de particuliers, sont aujourd'hui en Europe, à Londres et à Paris surtout, où le luxe et la spéculation offrent un large champ pour leur écoulement. Ces capitaux ont laissé dans le plus profond oubli l'industrie du pays qui les avait vus naître, et l'agriculture en particulier. Il ne semble nullement douteux que les 60 000 000 de soles qui, en quelques années, ont émigré en Europe, auraient pu trouver dans les mines du Pérou, si célèbres dans le monde entier, bien que presque vierges encore, ou dans les travaux d'irrigation et autres en relation avec l'agriculture de la côte, un placement dix fois plus avantageux que celui que leur offre l'Europe, tout en n'étant point exposés aux désastres des jeux de la Bourse et aux cataclysmes de la spéculation, sous quelque forme qu'elle se présente.

L'émigration que nous signalons, bien que peu importante au point de vue du nombre de personnes, n'en est pas moins inquiétante pour l'avenir industriel et agricole du pays. Comme elle est parfaitement légale et qu'elle n'use que de son droit, il est bien difficile de lui opposer une barrière : le patriotisme seul pourrait la retenir.

La population péruvienne, surtout la population indigène, est fort peu industrielle, par tempérament : le travail n'est pas une des vertus des Indiens. Leurs besoins sont plus que limités et il leur est facile de trouver le nécessaire pour les satisfaire.

La classe prolétaire, ou se livre à la domesticité ou vit de la culture d'une très-petite étendue de terrain, à laquelle elle ne demande qu'un peu de maïs et quelques légumes. Dans les districts miniers, les indigènes se livrent assez volontiers aux travaux des mines. Ils sont également commerçants, soit qu'ils négocient les produits de leur travail, soit des produits qu'ils achètent pour les revendre.

Les classes plus élevées, d'origine espagnole plus ou moins directe, ont des aspirations supérieures, et demandent résolûment au travail le bien-être et la fortune. Néanmoins, les industries, au Pérou, sont très-limitées. Il n'y a réellement hors du commerce que deux centres importants où s'exerce l'activité individuelle : les mines et l'agriculture.

Depuis la conquête espagnole, les mines ont été la passion des Péruviens, ce qui se comprendra facilement si l'on se rappelle les tendances de la métropole, qui tirait de ce chef un magnifique revenu. Longtemps l'agriculture a été oubliée et le Pérou, qui, sous la domination des Incas, possédait une florissante agriculture, s'est transformé, durant le coloniage, presque en un stérile désert.

Depuis l'Indépendance, les choses ont changé d'une manière notable et l'exploitation du sol par l'agriculture a pris un développement considérable, qui ne trouve d'entrave que dans le manque de capitaux pour commencer des travaux d'irrigation qui augmenteraient considérablement la surface cultivable du sol de la Costa.

Les bras sont fort rares au Pérou, et par conséquent la main-d'œuvre y est très-chère. Depuis 1854, époque de l'abolition de l'esclavage et de la suppression du tribut payé par les Indiens, les salaires ont augmenté considérablement.

A cette époque, le salaire d'un esclave était de 10 à 12 centavos, et celui d'un travailleur libre ne passait pas 30 à 40 centavos par jour. Ces chiffres ont augmenté et augmentent encore aujourd'hui progressivement. Le travail d'un Chinois, travail réputé le meilleur marché que l'on puisse obtenir, est estimé actuellement de 8 à 9 réaux, c'est-à-dire de 80 à 90 centavos par jour. Celui d'un ouvrier libre doit être évalué de 8 à 12 réaux, sans compter l'alimentation, qui doit être estimée de 3 à 4 réaux par personne.

Aujourd'hui, pour les travaux agricoles des environs de Lima, on paie les ouvriers jusqu'à 2 soles par jour.

Ces prix sont ceux de la Costa, mais, dans la Sierra et dans la Montaña, les salaires sont moins élevés et sont restés à peu près ce qu'ils étaient en 1854, c'est-à-dire qu'on peut les estimer de 4 à 8 réaux par jour, l'ouvrier devant pourvoir à son alimentation et, le plus souvent, à son logement.

Machines. — Les machines agricoles, bien que employées depuis longtemps au Pérou, n'ont pas encore acquis complétement le droit de cité dans ce pays. Elles sont trop rares et leur nombre n'est nullement en relation avec les besoins. Nous pensons que là où les bras manquent, la machine est le meilleur des émigrants, le plus facile à acclimater et celui dont il est le plus aisé de satisfaire les aspirations. Les services que peuvent rendre les machines sont mis en évidence, depuis longtemps, par les progrès surprenants de l'industrie et de l'agriculture des États-Unis, de la France et de l'Angleterre.

Si les machines agricoles ne sont pas plus employées au Pérou, il faut sans doute l'attribuer au manque de connaissances spéciales et à l'ignorance presque complète dans laquelle on est des récents progrès de la mécanique agricole. Le Pérou ne possède, en effet, ni enseignement agricole, ni société d'agriculture, ni aucun des moyens de propagande dont usent les autres pays pour se tenir au courant du progrès agricole. C'est pourquoi nous pensons qu'avec l'enseignement agricole et avec des sociétés spéciales qui s'occuperaient de vulgariser, par tous les moyens possibles, les connaissances théoriques et pratiques des travaux des champs, le Pérou ferait progresser considérablement son agriculture et améliorerait sa situation économique et financière. Les machines employées au Pérou varient avec les diverses branches de l'industrie agricole. Les machines à vapeur pour le labourage sont fort rares. A peine si elles fonctionnent dans quatre ou cinq exploitations. Soit parce que ces machines sont de construction ancienne ou mauvaise, soit parce que l'on ne sait pas les diriger, elles ne jouissent pas, au Pérou, de l'estime que leur ont gagné, dans le monde entier, les nouveaux perfectionnements apportés dans leur construction par plusieurs habiles mécaniciens, et notamment par MM. Fowler et Howard.

La côte du Pérou, néanmoins, se prête admirablement au labourage à vapeur. Le sol y est généralement plat, les pièces de terre très-vastes et la propriété peu divisée. En outre, le sol arable est presque contamment dépourvu de pierres volumineuses qui rendent plus ou moins difficile l'emploi des charrues mues par la vapeur. La culture principale de la côte, la canne à sucre, est l'une de celles auxquelles

les charrues à vapeur peuvent rendre le plus de services, surtout dans la région centrale de la côte où la canne ne donne que deux coupes, rarement trois, sans être replantée. Dans le Nord, la durée de la canne est beaucoup plus grande; elle atteint de quinze à vingt ans et même plus, en sorte que les labourages y sont beaucoup moins fréquents que dans la partie centrale et, par conséquent, l'emploi de machines à labourer mues par la vapeur y offre moins d'intérêt.

C'est surtout l'industrie sucrière qui a introduit au Pérou les machines les plus complètes et les plus perfectionnées, principalement quand à l'extraction et à la fabrication du sucre, car pour ce qui est de la culture de la canne, le matériel laisse encore fort à désirer, dans le plus grand nombre des exploitations au moins. En général, la culture de la canne à sucre n'a fait aucun progrès, depuis près de deux siècles qu'elle est introduite au Pérou.

On a cependant amélioré un peu le matériel des labours : la charrue du pays tend chaque jour davantage à céder la place aux meilleures charrues d'Europe et des États-Unis. Il existe aussi quelques machines pour le labourage à vapeur, mais elles sont encore trop rares, ainsi que nous l'avons déjà dit. Enfin le transport de la canne, des champs à l'usine, a été considérablement facilité, en quelques haciendas, par l'établissement de chemins de fer d'exploitation. Mais ces chemins de fer tels qu'on les construit dans les principales haciendas du Pérou, reviennent fort cher si l'on veut multiplier leurs ramifications. On n'a malheureusement pas encore tenté l'essai des chemins de fer portatifs agricoles, usités en Europe depuis quelque temps. Nous ne doutons nullement que le *Porteur Decauville*, tout en fer, puisse rendre, au Pérou, de très-grands services en diminuant le personnel et les animaux qu'exige le transport des cannes au moyen de charrettes; et, certes, la diminution du nombre des bêtes de somme affectées au transport dans les grandes exploitations agricoles, par l'emploi de petits chemins de fer industriels portatifs, est bien digne de fixer l'attention des cultivateurs.

Il arrive, en effet, dans beaucoup d'haciendas de la côte, et principalement quand la chaleur de l'été est grande, que les pâturages sont peu abondants et de mauvaise qualité ; les animaux dépérissent alors rapidement et il n'est pas rare de voir de grandes exploitations interrompre momentanément leurs travaux, faute d'animaux pour les labours ou pour les transports de la canne jusqu'à l'usine. Nous pensons que, par le moyen des nouveaux systèmes économiques de transport, on pourrait supprimer presque totalement les animaux que l'on emploie pour charrier les récoltes du champ à l'usine. Les appareils de labourage à vapeur venant, d'autre part, diminuer le nombre des bêtes employées à la préparation du sol, il ne nous semble nullement douteux que, par cette double innovation, les travaux de la grande culture puissent être facilités considérablement et surtout rendus plus économiques. Nous sommes heureux de pouvoir dire qu'un grand nombre d'agriculteurs l'ont compris ainsi et s'occupent sérieusement d'entrer dans la voie des améliorations de leur matériel agricole.

Mais c'est surtout l'extraction et la fabrication du sucre qui se sont améliorées considérablement depuis quelque temps quant à leur matériel. Aujourd'hui la plupart des grandes exploitations sont pourvues des appareils les plus perfectionnés. Quelques-unes cependant, surtout celles de la petite culture, sont restées en route, et travaillent selon l'ancien système : moulins insuffisants, mus par des bœufs, et cuite à feu nu et au contact de l'air. D'autres n'ont modifié qu'à demi leur matériel, en sorte que l'on peut voir, sur la côte du Pérou, l'histoire complète des progrès qu'a faits l'outillage de la fabrication du sucre, depuis l'*équipage du père Labat* jusqu'aux magnifiques appareils d'évaporation et de cuite à la vapeur et dans le vide, que fabriquent les meilleurs constructeurs européens et nord-américains.

Bien que, dans les diverses usines à sucre du Pérou, on rencontre, çà et là, quelques corps de machines de fabrication française, et si l'on excepte l'une des plus belles usines de la côte, montée par la maison Cail et Cie, on peut dire que la physionomie générale des sucreries péruviennes est anglaise ou nord-américaine. Ce qui porte principalement les fabricants de sucre à se fournir de machines nord-américaines, qui sont celles qui dominent, c'est la différence de prix que ces machines offrent en leur faveur à l'encontre des machines françaises généralement plus parfaites et mieux finies, mais d'un prix beaucoup plus élevé.

L'un des plus importants *desiderata* de l'industrie sucrière est certainement celui d'une machine à couper la canne, travail fort lent, très-difficile et très-pénible. Nous craignons que, malheureusement, l'industrie ne soit longtemps encore à posséder cette machine, dont le principe nous paraît tout indiqué : c'est celui des moisonneuses ordinaires; mais de sérieuses difficultés viennent se présenter quand il s'agit d'en faire l'application. D'abord, la canne à sucre est passablement dure, et il faut en outre enlever les feuilles qu'elle porte et couper son extrémité terminale, qui n'est pas encore arrivée à la maturité et qui, par conséquent, contient peu ou pas de sucre ; outre qu'elle contient des principes très-nuisibles à la fabrication desquels il est nécessaire de les débarrasser avant la mouture. Enfin la canne à sucre croît souvent à une très-grande hauteur; elle atteint 4 ou 5 mètres et quelquefois plus, de sorte qu'elle a une assez grande tendance à se coucher sous l'influence du vent et surtout sous le poids considérable de ses longues feuilles. Il ne semble pas que dans de tels cas aucune machine puisse jamais remplacer la main de l'homme armé du *machette*. Néanmoins quand on voit les surprenants résultats, auxquels arrive chaque jour la mécanique agricole, on est presque autorisé à ne pas désespérer que dans un avenir, peut-être prochain, elle produise la machine dont nous parlons, laquelle remplirait un bien grande vide dans le matériel de la culture de la canne à sucre.

Moteurs. — Pour la petite culture, les moteurs sont les bras ou les animaux, le bœuf, le cheval ou l'âne, attelés à un manége. Les moteurs hydrauliques (turbines, roues hydrauliques) et le vent, son assz peu employés sur la côte, à cause de leur irrégularité, par suite de la rareté de l'eau et de l'absence de vents un peu forts. Les roues hydrauliques sont assez fréquentes dans les grandes exploitations sucrières de la vallée de Chicama, dans le département de la Libertad ; mais, comme leur fonctionnement n'est pas toujours assuré, elles sont généralement munies de moteurs à vapeur. Dans la région de la Montaña, dans les vallées de Chanchamayo et de Vitoc, par exemple, où la culture de la canne est assez développée, en vue, presque exclusivement, de la fabrication d'une détestable eau-de-vie qui fait les délices des indigènes, on use pour la mouture de petits moulins formés par trois cylindres de fonte et mus par des forces hydrauliques. Dans toute cette région, l'eau est abondante et la force motrice ne manque jamais.

L'industrie cotonnière emploie souvent des machines mues par la vapeur, l'industrie sucrière plus souvent encore. On peut estimer que la moitié des usines à sucre de la côte du Pacifique use de moteurs à vapeur. L'autre moitié, dont la culture est plus limitée, emploie pour moudre la canne des moulins mus par des animaux ce qui, joint à leur système de cuite à feu nu et au contact de l'air, occasionne des pertes considérables.

Sans doute les machines perfectionnées pour l'extraction et la fabrication du sucre de canne sont d'un prix fort élevé et presque inabordable pour les petites cultures. Néanmoins, comme ces petites exploitations sont réunies par groupes de dix, quinze et vingt dans une même vallée, nous croyons qu'il leur serait facile de profiter des bénéfices que rapporte l'emploi de machines perfectionnées.

Le moyen consisterait simplement à ce qu'elles s'unissent en groupes dont les limites seraient indiquées par l'étendue de chaque culture et par diverses circonstances locales qui varieraient, naturellement, selon les lieux et les gens; chaque groupe formerait une association qui, après avoir calculé la quantité de cannes qu'elle peut produire annuellement, monterait une usine centrale, qu'elle doterait de tous les appareils perfectionnés propres à rendre la fabrication du sucre plus économique et plus lucrative. Cette usine centrale, qui serait en outre dotée d'un personnel plus compétent que celui que peut se procurer la petite culture isolée, fabriquerait le sucre de tous les associés, qui n'auraient plus qu'à se partager les bénéfices proportionnellement à la valeur et au poids de la canne que chacun aurait fournie, ainsi qu'au capital qu'il aurait mis dans l'entreprise.

Ces bénéfices seraient certainement considérables, car l'usine centrale, obtenant en produit sucre au moins 10 0/0 du poids de la canne, pourrait donner à chaque cultivateur le 5 0/0 qu'il retirait avec son outillage imparfait, dans le cas où il persisterait à vouloir rester marchand de sucre, et, en outre, le faire participer au reliquat du bénéfice que donnerait l'autre 5 0/0 qu'il laissait autrefois dans la canne et employait comme combustible pour l'évaporation de ses jus sucrés.

La canne à sucre contient environ 18 0/0 de sucre. Les usines bien outillées en extraient un peu plus de la moitié, soit de 9 à

10 0/0. Les autres, celles qui en sont encore aux moulins imparfaits mus par des bœufs et à la cuite à l'air et à feu nu ne retirent guère plus du quart, soit environ 5 0/0 du sucre de la précieuse graminée. Ce sont de bien pauvres résultats ! Il y a réellement en tout cela beaucoup de négligence, d'ignorance ou d'amour pour la routine.

Si les associations dont nous parlons offrent des difficultés dans leur formation, qu'on ait recours alors au système des *usines centrales*, qui, aux Antilles, au Brésil et à Maurice, ont donné et donnent chaque jour d'excellents résultats.

L'usine centrale achètera pour son compte la canne de chaque cultivateur qui sera dès lors agriculteur et rien de plus, et cessera, à son grand profit, croyons-nous, d'être fabricant et marchand de sucre. S'il persiste à vouloir vendre du sucre, l'usine centrale pourra lui en donner plus qu'il n'en retirait autrefois de sa canne, et cela sans qu'il ait à se préoccuper des ennuis et des dépenses de la fabrication.

Malheureusement, et nous l'avons déjà dit, l'esprit d'association n'est pas très-développé parmi les agriculteurs péruviens, et nous craignons qu'il se passe encore de longues années avant qu'ils comprennent les avantages que peuvent offrir la division du travail et l'association. Il en est à peu près de même, il est vrai, dans les autres pays sucriers. Si la maison Cail n'avait pas montré aux Antilles et si la Compagnie de Fives-Lille ne s'efforçait pas de montrer au Para tous les bénéfices que l'on peut retirer de l'établissement d'usines centrales en vue de l'extraction et de la fabrication perfectionnées du sucre, il est plus que probable que ces pays en seraient encore à leurs anciens systèmes en tout points imparfaits et insuffisants.

SECONDE PARTIE

LES INSTITUTIONS AGRICOLES

CHAPITRE IV

RAPPORT DE L'AGRICULTURE AVEC LE GOUVERNEMENT.

L'agriculture péruvienne si florissante du temps des Incas perdit beaucoup de son importance sous la domination de l'Espagne qui se complaisait à rendre contre elle des édits restrictifs et à prohiber aux tribus soumises la culture des produits que pouvait leur fournir la métropole.

Depuis l'époque de son Indépendance, le Pérou s'est efforcé de se débarrasser des mauvais germes que la domination espagnole avait jetée dans son sein. L'instruction commença son œuvre civilisatrice. La fièvre de demander aux mines de rapides et grandes fortunes, diminua quelque peu, et les regards se dirigèrent insensiblement vers la culture du sol. Malheureusement, un peuple qui brise ses chaînes, conserve longtemps, bien qu'il soit complètement libre, la trace des anneaux de fer qui l'ont opprimé. Une nation, noble et vigoureuse, peut faire disparaître en peu de temps, les effets matériels de son esclavage, mais il lui faut des années, des siècles peut-être, pour en détruire toutes les conséquences morales.

Le Pérou, néanmoins, a marché dans cette voie à pas de géant. Les richesses naturelles que la Providence lui a distribuées avec tant de prodigalité, ont contribué pour beaucoup au développement de ses institutions, de son commerce et spécialement de l'industrie agricole. Malheureusement, ces richesses sont le plus souvent tombées entre des mains qui n'ont pas su ou qui n'ont pas voulu les utiliser pour la protection des vrais intérêts du pays. L'agriculture n'a pas gagné beaucoup à leur emploi, elle a bien été quelquefois un prétexte, mais rien de plus.

Depuis quelque temps cependant, l'industrie agricole a pris un grand développement sur la côte péruvienne du Pacifique, mais ses méthodes et ses procédés y sont encore quelque peu routiniers. La fertilité des terrains cultivables a répandu la croyance qu'il n'y avait qu'à les ensemencer pour centupler les produits qu'on leur confiait et, quand est venue la fièvre des grandes entreprises agricoles, chacun s'est empressé, sans études préalables, de devenir agriculteur, oubliant que la nouvelle profession qu'il embrassait était une de celles qui réclament le plus impérieusement un grand nombre de connaissances spéciales.

Les gouvernements nombreux qui, durant un demi-siècle, se sont succédé au Pérou, soit qu'ils aient été trop occupés par la politique, soit qu'ils n'aient pas compris entièrement leur mission, soit enfin qu'ils aient été induits dans la même erreur que leurs administrés, ne se sont jamais préoccupés sérieusement de protéger les intérêts de l'agriculture. Leurs efforts semblent avoir été presque exclusivement consacrés à lutter contre les révolutions que les mécontents ou les aspirants au pouvoir déchaînaient contre eux. Les sommes considérables que la vente du guano rapportait à la nation et qui auraient pu être très-utile au progrès matériel du pays et surtout au développement de son agriculture, étaient lancées dans les entreprises les plus téméraires et les plus irréfléchies.

Les mécontents ou les envieux que créaient ces prodigalités, voulaient aussi avoir leur part du gâteau : ils se proclamaient Gouvernement à leur tour et, usant de leurs pouvoirs futurs, levaient des impôts et contractaient des emprunts à gros intérêts (car on n'était jamais bien sûr de la réussite), avec l'or desquels ils armaient les leurs et achetaient ceux du Gouvernement en activité. C'est cette manœuvre, bien simple, que l'on était convenu d'appeler, au Pérou, une *Révolution*. Ces révolutions, le plus souvent, n'étaient nullement des révolutions qui avaient pour but le triomphe d'une idée ou la réclamation d'un droit de la nation : elles étaient essentiellement personnelles et destinées à servir des intérêts purement personnels.

Depuis quelque temps, néanmoins, depuis 1872, l'ère des révolutions semble avoir terminé au Pérou ; les corbeaux se précipitent moins avidemment sur le cadavre quand il est près de passer à l'état de squelette. Pendant l'administration de M. Pardo, de 1872 à 1876, et pendant celle du général Prado qui lui a succédé et qui gouverne aujourd'hui le Pérou, quelques ambitieux et quelques intéressés ou mécontents ont cependant essayé d'arriver au pouvoir, d'assaut et sans consulter la volonté du peuple; mais leurs efforts n'ont pas trouvé d'écho dans le pays et leur parti, qu'ils n'ont jamais pu grossir considérablement, est tombé, tant sous les coups des troupes régulières du gouvernement constitutionnel, que sous ceux du ridicule et de l'impopularité de leurs ambitieux projets.

L'industrie, en général, et l'agriculture, en particulier, ont souffert considérablement, et souffrent encore, de cette maladie des révolutions qui était passée à l'état chronique.

Le Pérou épuisé par suite de plus d'un demi-siècle de guerres civiles, de mauvaise et prévaricatrice administration et de fautes économiques de toute sorte qu'ont commises à l'envi, particuliers et gouvernements, n'a jamais eu le temps et le calme nécessaires pour songer à s'occuper officiellement des intérêts de l'agriculture. Néanmoins, depuis quelques années, le Pérou s'efforce de se relever, et nous ne doutons nullement qu'il y réussisse, tant la nature s'est montrée prodigue en semant les richesses les plus variées et les plus abondantes sur le sol de ce beau pays qui est, sans contredit, l'un des plus riches du Nouveau-Monde. Mais il faut pour cela renoncer à tout jamais aux folies du passé, il faut persévérer énergiquement dans la voie des économies que suit l'actuelle administration et qu'avait déjà tracée celle de 1872-76 à laquelle on n'a pas toujours fait justice, se complaisant quelquefois à la rendre responsable des fautes commises avant elle, bien qu'elle s'efforçàt, par tous les moyens, d'en diminuer les conséquences.

Quant aux relations qui doivent exister entre l'agriculture et le gouvernement, tout est presque à commencer. D'importantes réformes et d'utiles institutions sont nécessaires pour assurer le progrès matériel du pays. Il faut bien le reconnaître, pour le Pérou comme pour tous les pays du monde, les richesses acquises sans travail ne sont que passagères. Elles disparaissent aussi facilement et aussi rapidement qu'elles sont venues. L'agriculture et les mines, il faut le proclamer bien haut, sont seules capables de relever la situation économique du Pérou.

Il n'existe pas de ministère de l'agriculture dans le cabinet péruvien. Les quelques questions agricoles dont s'occupe l'administration sont sous la dépendance du ministère de l'Intérieur, de la Police et des Travaux publics, mais sans division, ni même bureau spécial affecté à l'agriculture. Les associations agricoles sont inconnues au Pérou. Chaque fois que le gouvernement, ou des particuliers, ont essayé d'en former, ils ont échoué devant l'apathie des sociétaires ou à la suite de questions personnelles, et de rivalités mesquines suscitées, le plus souvent, par des intérêts bâtards.

Quant à la propagande agricole, elle laisse encore beaucoup à désirer. L'unique publication agricole du Pérou est la "*Revista de Agricultura*" qui a été fondée en 1875 sous les auspices du Gouvernement. Cettte publication est mensuelle. Elle est soutenue presque exclusivement par son Directeur-fondateur.

La "*Revista de Agricultura*" s'est efforcée, depuis son origine, d'appeler l'attention du gouvernement, des agriculteurs et des capitalistes, sur les avantages qu'offrait l'agriculture au Pérou. Elle a cherché à diriger les travaux des champs vers la voie de l'expérimentation qui seule peut les rendre économiques et féconds; elle n'a pas cessé un seul instant d'inviter les agriculteurs à s'unir en vue de l'intérêt commun en leur montrant tous les avantages que pouvait offrir l'association au point de vue du progrès agricole; elle s'est efforcé enfin d'appeler l'attention du gouvernement sur les avantages que le pays pouvait retirer de l'établissement de l'enseignement agricole à tous les degrés, enseignement que les gouvernements jaloux du bien-être des populations ne sauraient trop protéger, car c'est celui duquel l'ordre, la sécurité, et la liberté ont le moins à redouter, en même temps que celui dont on doit espérer les plus grands avantages au double point de vue du progrès moral et matériel des peuples.

CHAPITRE V

SYSTÈME DES TRAVAUX PUBLICS

Durant la période des 20 dernières années, les travaux publics ont surtout été dirigés vers les voies de communication et, entre celles-ci, plus spécialement vers les voies ferrées. L'énumération que nous faisons plus loin des chemins de fer construits au Pérou, pendant cette période, montre toute l'activité qu'a développée le gouvernement pour implanter ces puissants moyens de civilisation.

Les travaux des mines ont été souvent l'objectif vers lequel tendait l'établissement de ce réseau de chemin de fer, néanmoins l'agriculture n'était pas toujours oubliée, et, aujourd'hui, elle retire de grands avantages du trafic par voie ferrée.

Les travaux publics ont également eu pour objectif l'agriculture quand ils ont été dirigés vers les questions d'irrigations et d'aménagement des eaux destinées à la culture du sol. Nous nous occuperons plus loin de cette importante branche des travaux publics au Pérou, branche qui n'a peut-être pas toujours été prise assez sérieusement en considération.

Ca aux et Chemins de fer. — Il n'existe pas, au Pérou, de canaux pour la navigation, mais la construction des chemins de fer y a pris un grand développement durant les dernières années, ou mieux, dvrant la période comprise entre l'année 1851 et 1877.

La situation géographique et le système orographique de la Costa du Pérou, divisée par les contreforts de la Cordillère en vallées plus ou moins étendues, donnent une importance de premier ordre à la navigation le long de la côte. Aussi dès 1840 une puissante compagnie anglaise de navigation s'établit dans le Pacifique (*Pacific Steam Navigation Company*), et acquit rapidement un développement considérable. Des lignes de vapeurs secondaires et d'intérêt local s'établirent également et unirent entre eux les ports qui servent de débouchés aux petites vallées de la Costa.

Il n'y avait donc pas lieu, au Pérou, de songer à établir de grandes lignes de chemin de fer le long de la côte, lignes dont la construction aurait été coûteuse et, surtout, l'exploitation difficile, au milieu des vastes étendues de terrain, complétement désertes, qui séparent quelquefois deux vallées voisines dont la partie basse seulement est livrée à la culture. On a construit cependant une courte ligne qui unit Ancon à Chancay, dans le département de Lima, en suivant le bord de la mer, et on en construit actuellement une autre entre le Callao et Pisco dans les mêmes conditions.

Outre que ces lignes sont relativement courtes, elles présentent l'avantage, l'une d'offrir aux produits de la vallée de Chancay un petit port très-sûr, celui d'Ancon; l'autre, de permettre aux produits des vallées de Cañete et Chincha, d'abandonner les hâvres peu sûrs de Cerro-Azul et Tambo de Mora, pour l'excellent port du Callao. Toutes deux, offrent en outre l'avantage, en se terminant à Lima, de faciliter l'approvisionnement des marchés de cette ville, et de celle de Callao, d'une foule de produits alimentaires de consommation journalière.

La vraie direction des chemins de fer de la côte du Pérou, par conséquent, est celle des vallées mêmes qu'ils desservent, c'est-à-dire perpendiculaire à la côte du Pacifique. Ils peuvent gagner ainsi les hautes régions de la Cordillère et ces immenses planiers qui constituent la zone connue, au Pérou, sous le nom de Sierra et donner issue à leurs produits agricoles, analogues à ceux des zônes tempérées ainsi qu'à leurs immenses richesses minérales. Ils peuvent même s'étendre jusqu'aux fertiles régions de la Montaña et, gagnant les grands fleuves navigables du bassin de l'Amazone, mettre ainsi en relation directe et facile les rives du Pacifique avec celles de l'Atlantique.

Nous avons eu d'ailleurs l'occasion de dire plus haut que c'est au milieu des vastes et fertiles régions de la Montaña qui, pour la plupart, jouissent de tous les avantages des zônes intertropicales sans en offrir les inconvénients, que le gouvernement péruvien s'efforce de diriger l'émigration et la colonisation européenne.

Deux grandes lignes ferrées du Pérou, celle de Callao, Lima et Oroya et celle de Mollendo à Arequipa, Puno et Cuzco, avec leurs prolongations respectives, jusqu'au point où les fleuves Picchis, Tambo et Urubamba sont navigables, ont été entreprises en vue d'un tel résultat. Aussi ces deux lignes sont-elles les deux plus importantes de toutes celles qu'on a construites au Pérou, parce qu'elles s'étendent jusqu'au delà des Andes, et revêtent ainsi un caractère vraiment international.

Les autres sont d'un intérêt purement local et simplement destinées à mettre en communication, avec le Pacifique et les lignes des vapeurs qui le sillonnent, plusieurs régions de la Costa et de la Sierra occidentale, en ouvrant ainsi un débouché facile à leurs produits et en leur permettant de développer leurs industries et plus spécialement l'industrie agricole et celle des mines. Quelques-unes de ces lignes, néanmoins, pourront, avec le temps, prendre un développement plus considérable et devenir elles aussi transandines. Par exemple celle d'Arica et celle d'Iquique peuvent être prolongées jusqu'aux frontières de la Bolivie, celle de Païta et Piura jusqu'au point où le Marañon ou haut Amazone devient navigable.

Toutes ces lignes de chemin de fer sont construites soit par l'Etat, soit par des Compagnies avec participation de l'Etat, soit enfin, par des Compagnies particulières.

Voici un premier tableau synoptique des chemins de fer construits au Pérou par l'État ou par des Compagnies, avec participation de l'État, et un second de ceux construits et exploités au Pérou par des entreprises particulières.

TABLEAU DES CHEMINS DE FER CONSTRUITS AU PÉROU

PAR L'ÉTAT OU PAR DES COMPAGNIES AVEC PARTICIPATION DE L'ÉTAT

LIGNES CONSTRUITES par :	CHEMINS DE FER	DATES		LONGUEUR (kilomètres)				STATIONS		MATÉRIEL ROULANT						COUT SELON CONTRAT en argent effectif (soles)
										LOCOMOTIVES		WAGONS pour VOYAGEURS		WAGONS pour MARCHANDISES		
		commencés	terminés	reçue	enraillée	terrassée	TOTAL	construites	à construire	existant	manquant	existant	manquant	existant	manquant	
État	Callao-Lima-Oroya	1870	»	146	146	146	219	6	13	20	2	31	13	240	»	21.666.860
—	Mollendo à Arequipa	1868	1871	180	180	180	180	10	»	22	»	31	»	114	»	12.000.000
—	Arequipa à Puno	1870	1875	370	370	370	370	7	10	18	»	22	»	275	»	25.120.997
—	Juliaca à Cuzco	1872	1875	»	106	245	354	»	18	»	20	»	24	»	225	23.959.144
—	Chimbote, Huaraz et Recuay	1872	1877	102	83	116	265	»	17	3	5	»	4	24	26	24.000.000
—	Pacasmayo à la Magdelena	1871	1878	146	146	146	146	»	13	10	2	18	»	75	67	5.850.000
—	Salavery à Trujillo et Ramales	1872	»	»	»	»	88 ½	»	»	»	6	»	14	7	91	3.234.756
—	Paita à Piura	1872	1874	»	31	36	100	»	4	»	6	»	12	»	59	1.945.600
—	Ilo à Moquegua	1871	1873	101	101	101	104	5	»	8	»	16	»	51	»	5.025.000
Cie particulière	Lima à Ancon et Chancay	1868	1870	66	66	66	66	8	»	10	»	12	»	69	»	2.600.000
—	Pisco à Ica	1868	1870	74	74	74	74	3	»	»	»	6	»	37	»	1.450.000
—	Lima à Pisco	1876	»	»	»	»	260	»	»	»	»	»	»	»	»	5.200.000
	TOTAUX	...	...	1.185	1.313	1.479	2.223 ½	»	»	»	»	»	»	»	»	132.052.353

TABLEAU DES CHEMINS DE FER CONSTRUITS ET EXPLOITÉS AU PÉROU

PAR DES ENTREPRISES PARTICULIÈRES

CHEMINS DE FER	COMMENCÉ EN	TERMINÉ EN	LONGUEUR (kilomètres)		OBSERVATIONS
			EXPLOITÉE	TOTALE	
Lima à Callao.	1848	1851	12	12	Callao à Lima et Lima à Chorrillos avec privilége exclusif terminant pour la première en 1876 et pour la seconde en 1878.
Lima à Chorrillos	1858	»	15	15	
Iquique à la Nueva-Noria et Peña . . .	»	»	113	113	
Pisagua à Sal de Obispo	»	»	80	175	En 1874.
Eten à Chiclayo et Fereñafe.	»	»	85	85	
Pimentel à Chiclayo	»	»	24	72	En 1874.
Arica à Tacna	»	»	63	63	
Cerro de Pasco	»	»	11	19	
Salines de Huacho à Playa chica. . . .	»	»	10	10	
Lima à la Magdalena.	»	»	6	6	
Chancay à Palpa.	»	»	20	20	
TOTAUX.	. . . .	. . . .	439	590	En 1874.

La longueur totale des lignes de chemin de fer livrées au trafic ou en construction, au Pérou, comparée avec le chiffre de la population de ce pays, donne presque un kilomètre de voie ferrée pour chaque mille habitants.

Comme les diverses régions peuplées du Pérou sont très-éloignées les unes des autres et séparées par de vastes déserts ou de gigantesques montagnes, on semble autorisé à comparer l'étendue de chaque ligne de chemin de fer seulement avec les chiffres des populations qu'elles desservent et qui vivent dans leur zone. Envisagée de cette manière, la grande ligne de Mollendo à Puno et au Cuzco, qui a près de 800 kilomètres pour une population de 300 000 habitants environ, donnera un kilomètre par 375 habitants. Quelques lignes accusent une proportion plus grande encore, telle, par exemple, de Ilo à Moquegua, qui donne 1 kilomètre par 120 habitants.

Ports. — Les constructions maritimes ont une très-grande importance sur la côte péruvienne, attendu qu'il existe des communications régulières entre tous les ports de la République. Il reste encore beaucoup à faire, à ce point de vue. Les phares sont rares et un grand nombre de ports n'offrent pas aux navires les moyens nécessaires pour l'embarquement et le désembarquement des voyageurs et des marchandises, tant au point de vue de la facilité et de la rapidité que celui de la sûreté.

Les ports du Pérou sont de simples baies, souvent peu abritées et peu profondes. Les navires ancrent à une assez grande distance au large et c'est au moyen de barques et canots que leurs relations avec la terre s'établissent. Il serait difficile et coûteux de transformer ces baies en ports qui permissent l'abordage des navires cotiers. Tout ce que l'on peut faire, pour les petits ports, c'est d'améliorer les points de débarquement et le service des chaloupes et canots, de manière que la régularité et la rapidité du service maritime de la côte ne soient pas interrompues.

Quant aux ports les plus importants, où de grands navires prennent ou déposent des chargements complets et ne sont pas astreints à demeurer dans chaque port un temps limité, on y emploie également les chaloupes et les canots. Cependant, le port principal de Callao a été mis récemment en état de permettre l'abordage des navires jusqu'au môle construit à cet effet.

Il y a sur la côte du Pérou 50 ports ouverts au commerce, savoir :

9 ports majeurs;
10 ports mineurs;
31 petits hâvres.

Dans un certain nombre de ces ports, l'État a fait exécuter des travaux en vue de faciliter les opérations d'embarquement et de désembarquement des chaloupes. On a établi des embarcadères unis à la terre par des ponts de communication et construits selon le système des môles à squelette de fer.

Mais le travail maritime le plus important qui se soit fait au Pérou, et l'on peut dire sur la côte du Pacifique tout entière, est incontestablement le môle Darsena, du Callao, qui permet aux grands navires de toute classe d'aborder ses quais. Ce travail, commencé en 1870, a été terminé en 1875. Les travaux ont été exécutés par la Société Générale de Paris et par les entrepreneurs Brassey et Cº, que représentait l'ingénieur Hodges. La superficie abritée par ce grand travail est de 51.500 mètres carrés. La Darsena a 250 mètres de long et 205 mètres de large. Son entrée de 106 mètres est abritée par une digue de 183 mètres de long, qui n'est que le prolongement de l'un des côtés de la Darsena. L'union avec la terre s'effectue par un pont de 90 mètres de long, construit sur pilotis de fer. Les murailles de la Darsena, qui ont 25 mètres de large, sont construites avec des blocs artificiels de 3 à 4 mètres cubes chacun.

Le coût de cette œuvre gigantesque a été de près de 10.000.000 soles. La Compagnie qui l'a exécutée a droit de l'exploiter pendant 60 ans, dont 10 ans avec privilége exclusif d'embarquement et de désembarquement, selon des prix stipulés dans le contrat.

Barrages. — Presque toutes les rivières du versant oriental de la Cordillère sont plus ou moins torrentielles et manquent généralement d'eau pendant 6 mois de l'année. Elles sont alimentées soit par les pluies, soit par la fonte des neiges qui tombent dans les hautes régions de la Cordillère, et elles se précipitent dans le Pacifique, en suivant les parties les plus déclives de profondes et étroites vallées qui ne s'élargissent qu'en s'approchant de la mer et sur le sol arable desquelles s'exerce l'industrie agricole.

L'irrigation étant, comme nous l'avons déjà indiqué, une condition *sine qua non* de l'agriculture dans toute la région de la Costa, on comprendra facilement que les travaux d'aménagement des eaux de la Cordillère aient une grande importance, au point de vue des travaux agricoles de la côte.

Nous venons de dire qu'en temps de sécheresse dans la Cordillère, les rivières de la Costa se réduisent à de simples et minces filets d'eau, quand elles ne se sèchent pas complétement; mais pendant l'époque des pluies, au contraire, il se manifeste des crues qui sont souvent périlleuses pour les cultures et les populations riveraines.

C'est surtout dans le nord du Pérou que les débordements des fleuves sont fréquents et redoutés; dans le sud, ils sont beaucoup plus rares ou même ne se produisent pas du tout.

Les barrages sont nettement indiqués parmi les travaux d'irrigation que l'on doit faire sur la côte, si l'on veut améliorer et étendre l'agriculture de cette région. Malheureusement, le manque de réglementation de la distribution des eaux et les droits acquis par l'usage et consacrés par des coutumes qui varient avec chaque vallée, sont une source intarissable de difficultés de toute nature qui constituent une entrave sérieuse aux progrès de l'agriculture et un véritable obstacle quand il s'agit d'exécuter des travaux d'irrigation. Que l'on ajoute à cela le manque de cadastre, le manque de documents écrits sur les droits aux eaux d'irrigation, et, en général, sur le régime hydrologique propre à chaque vallée, et l'on comprendra tous les obstacles contre lesquels viennent se heurter à chaque pas les projets d'aménagement des eaux au moyen de barrages.

Dans la partie nord du Pérou, dans les départements de Piura et de Lambayeque, les rivières sont très-grosses durant la saison des pluies de la Cordillère, et la configuration topographique des vallées qu'elles parcourent se prête parfaitement à l'établissement de barrages qui permettraient, sans de grandes dépenses, de cultiver les vastes plaines stériles qui s'étendent sur les côtes de ces rivières. Des études ont déjà été faites par les ingénieurs du gouvernement, en vue de l'exécution de travaux d'aménagement des eaux sur plusieurs points et, notamment, sur les rivières Piura, Rimac, Uchusuma et Maure.

CHAPITRE VI

SYSTÈME D'INSTRUCTION PUBLIQUE

L'instruction publique a été systématisée dès 1876 par un important règlement qui l'a organisé et lui a donné l'unité dont elle manquait complètement, soumise qu'elle était à une foule de réglements, le plus souvent contradictoires dans certaines de leurs dispositions. Le nouveau règlement approuvé par le Congrès extraordinaire de 1876, à titre d'essai, remplace celui de 1855 qui n'était plus en harmonie avec les besoins actuels du pays ni avec les dispositions de la loi municipale de 1873 dans ses relations avec l'instruction.

Selon ce règlement, l'instruction publique est officielle ou libre. Elle se divise en *Primaire*, qui se donne dans les écoles, *Moyenne,* qui se donne dans les colléges, et *Supérieure,* qui est l'instruction donnée dans les universités, les écoles et les instituts spéciaux.

La direction et l'inspection suprême de l'instruction publique appartient au ministère de la Justice, Bienfaisance et Instruction publique, qui est assisté par un Conseil supérieur de l'instruction publique. La direction et l'inspection des établissements d'instruction primaire est confiée aux conseils provinciaux et à ceux de districts ; celle des établissements d'instruction moyenne aux conseils départementaux ; celle des universités aux recteurs, conseils universitaires, doyens et facultés ; enfin, celle des établissements spéciaux d'enseignement supérieur, au ministère dont ils dépendent. La désignation du plan, des textes et des programmes de l'instruction primaire et de la moyenne ainsi que l'inspection de l'enseignement, sont dévolues au Conseil supérieur de l'instruction. Quant à l'enseignement universitaire il est de l'exclusive compétence des autorités universitaires.

Le Conseil supérieur de l'instruction publique est formé du ministre, qui en est le président, du directeur général de l'instruction publique, qui remplit les fonctions de secrétaire et des membres suivants, nommés par le Gouvernement tous les deux ans :

Deux docteurs pour chacune des facultés de l'université de Lima; deux professeurs de l'instruction moyenne; deux de l'enseignement primaire et deux de l'enseignement libre.

L'une des attributions du conseil supérieur de l'instruction publique est de réviser la collation des grades académiques, des universités mineures, et décerner les titres universitaires qui, selon le règlement, ne sont pas de la compétence de ces universités.

Les écoles primaires sont sous la dépendance immédiate et l'inspection économique et administrative des conseils départementaux, provinciaux, ou de district qui pourvoient à leurs dépenses et font les règlements intérieurs des écoles, qui sont sous leur dépendance respective.

L'enseignement primaire du 1er et du 2e degré est gratuit, celui du 3e degré peut être rémunéré.

Il y a des écoles du 1er degré dans tous les districts et, selon les ressources et les circonstances, elles sont distinctes ou communes pour les deux sexes, ou bien on alterne dans une même école, l'enseignement pour les garçons et l'enseignement pour les filles.

Dans la capitale de chaque province il y a des écoles du 2e degré, où l'on donne en outre l'enseignement du 1er dégré, mais il peut, outre ces écoles, en exister d'autres du 1er degré quand les besoins de la localité l'exigent.

Dans les capitales de département, il y a, outre les écoles du 1er et du 2e degré, des écoles du 3e degré, qui peuvent donner l'enseignement du second.

Les conseils de district et de province sont libres d'établir des écoles de degré supérieur à celles que leur assigne le règlement, selon les ressources dont ils disposent.

Pour être précepteur des écoles, il faut être majeur ou émancipé et posséder un certificat de bonne conduite donné par deux personnes d'honorabilité notoire et un certificat de capacité décerné par le président du conseil départemental, selon le règlement. Les certificats sont du premier, deuxième ou troisième degré et autorisent à diriger des écoles du dégré correspondant.

Les écoles sont pourvues de précepteurs au concours. Le traitement des précepteurs est fixé par le conseil dont ils dépendent, selon les ressources de la localité.

Quand le nombre des éleves, qui fréquentent une école, passe 40, on adjoint un ou plusieurs précepteurs auxilliaires qui doivent au moins être titulé du premier degré.

L'enseignement est donné dans les écoles selon le plan, le programme et les textes approuvés par le conseil supérieur de l'instruction. Les éléves des écoles ont à subir des examens privés et publics, et ce n'est qu'après examen qu'ils passent d'une école d'un degré à celle du degré immédiatement supérieur.

Les recettes des écoles sont formées par :

1° Les fonds que votent les conseils;

2° Le produit des biens qu'ils acquièrent et destinent à l'instruction primaire;

4° Toute autre ressource que la loi assigne aux écoles.

Dans les districts où ces fonds ne suffiraient pas pour le soutien des écoles de l'instruction primaire, on perçoit, pour *fonds d'école, un sol par semestre* à chaque habitant valide et majeur de 21 ans, pour l'intérieur, et *deux soles* dans les districts de la Costa. Ceux qui ont atteint 60 ans sont dispensés de la contribution du *fonds d'école.*

L'instruction primaire du premier degré est obligatoire pour tous les habitants du Pérou et elle se donne aussi dans les casernes, les prisons et les pénitenciers. Le règlement général d'instruction publique dicte des peines contre les pères et les gardiens ainsi que les patrons qui ne remplissent pas le devoir de faire donner l'instruction de premier dégré à leurs fils, pupilles ou serviteurs. Les enfants qui ont atteint l'âge de six ans doivent être inscrits sur un registre *ad hoc,* et les parents qui négligent de faire faire cette inscription supportent une amende de deux soles. Si les enfants inscrits n'assistent pas à l'école, sans raison suffisante, les parents ou patrons supportent une amende de deux réaux à cinq soles, selon décision du conseil de district de chaque localité.

Ces dispositions, qui rendent l'enseignement obligatoire, s'appliquent aussi aux adultes qui au premier janvier 1881, n'auront pas suivi le cours d'instruction du premier dégré.

En cas de récidive des pères et des patrons de ne pas envoyer leurs fils et serviteurs à l'école, ceux-ci sont envoyés par le Gouvernement dans les écoles spéciales établies à Lima et Callao, (établissements agricoles, militaires et navals). L'instruction peut être donnée à domicile des parents ou patrons qui doivent alors justifier de cette instruction par un certificat d'examen et un certificat du précepteur qui la donne.

L'instruction moyenne est donnée dans des colléges qui sont sous la dépendance, direction économique et administration immédiates des conseils départementaux.

Les départements qui ne peuvent pas établir des colléges qui comprennent les deux degrés se limiteront à l'enseignement des matières du premier dégré en y ajoutant l'étude de la constitution et des lois organiques. S'il n'est pas même possible d'établir de collége du premier degré les départements ouvriront, autant que possible, dans les écoles primaires du 3e degré les cours suivants :

Français ;

Anglais ;

Histoire;

Notion de rhétorique et de poétique.

Le personnel des colléges d'intruction moyenne est composé d'un sous-directeur, d'un secrétaire-bibliothécaire, des professeurs titulaires et adjoints, des inspecteurs pour maintenir la discipline, d'un aumônier, d'un économe et des employés subalternes qu'exige le service. Le médecin titulaire de la province doit prêter ses services professionels au collége.

Pour être directeur d'un collége de l'instruction moyenne, il faut être docteur ou licencié en une faculté quelconque, ou profeseeur examiné d'instruction moyenne, ou passer un examen devant un jury nommé par le conseil supérieur d'instruction sur les matières qu'indique ce conseil. Les directeurs sont sous la dépendance des conseils départementaux.

Pour être directrice d'un collége de filles, il faut posséder un diplôme de précepteur du 3e dégré.

Les professeurs titulaires et adjoints sont nommés à la suite d'un concours. Pour être admis à ce concours, l'une des conditions est d'être bachelier ou de posséder un diplôme de capacité décerné par le Conseil supérieur de l'instruction, diplôme qui donne le titre de professeur examiné.

On impose une amende aux professeurs qui manquent leurs leçons. Le professeur qui a manqué 15 fois dans un an est suspendu jusqu'à l'année suivante. En cas de récidive il est destitué.

Si les rentes d'un collége, y compris la somme votée par le conseil départemental pour cet établissements ne sont pas suffisantes pour ses besoins, les conseils départementaux sont autorisés à augmenter de 1 0/0 additionnel la contribution foncière et celle des patentes.

L'enseignement des colléges privés, d'instruction moyenne, est libre, les conseils départementeaux n'interviennent que pour autoriser l'enseignement, quand les directeurs de ces colléges remplissent les conditions nécessaires, ou simplement inspecter la salubrité des locaux, la moralité des professeurs et veiller à ce qu'on n'enseigne pas de doctrines contraires à la morale, à la religion ou à la forme du gouvernement.

L'instruction supérieure, qui se donne dans les universités, est sous la dépendance immédiate des conseils universitaires et soumise à leur inspection économique et administrative. Les universités sont majeures ou mineures. Celle de Lima est majeure et comprend toutes les facultés de l'instruction supérieure. Dans les départements il peut y avoir des universités mineures pourvues de chaires déterminées. Les universités possèdent un recteur, un vice-recteur, un secrétaire, un sous-secrétaire, un trésorier et un archiviste bibliothécaire.

La charge de recteur dure quatre ans et exige d'être docteur de l'une des facultés. Le recteur peut être réélu une seule fois. Le choix du recteur et du vice-recteur se fait par un conseil de délégués des facultés, composé du doyen et de quatre professeurs pour chaque faculté. Les recteurs et vice-recteurs des universités mineures sont élus par le conseil supérieur de l'instruction.

Le conseil universitaire se compose du recteur et du vice-recteur de l'université, du doyen et d'un professeur élu pour deux ans par chaque faculté et du secrétaire de l'université.

L'université majeure de San Marcos de Lima se compose des facultés suivantes :

1° Faculté de théologie ;
2° Faculté de jurisprudence ;
3° Faculté de médecine ;
4° Faculté des sciences ;
5° Faculté des sciences politiques et administratives ;
6° Faculté des lettres.

Chaque faculté se compose d'un doyen, d'un sous-doyen, d'un secrétaire, d'un sous-secrétaire et des professeurs titulaires et adjoints. Le régime intérieur des facultés d'une université dépend uniquement de son personnel. Chaque faculté fait son propre règlement qui doit être approuvé par le conseil universitaire respectif. Elle nomme également son doyen et son sous-doyen qui doivent être pris parmi les professeurs principaux en exercice. Les doyens sont élus pour 4 ans seulement, mais peuvent être réélus.

Les professeurs des facultés sont *principaux* ou *adjoints* : les deux peuvent être *titulaires* ou *intérimaires*. Pour être titulaire d'une chaire, il faut l'obtenir au concours. Les professeurs doivent être docteur de la faculté, et être âgé d'au moins 25 ans. Les professeurs qui manquent leurs leçons supportent une amende et perdent leur chaire s'ils manquent plus de trente fois dans un an, sans justifier leur absence.

Les élèves qui désirent être admis dans une faculté doivent présenter un certificat d'aspirants qui leur a été décerné après examen, à la fin de leurs études du cours du deuxième dégré d'instruction moyenne, et, en outre, remplir les conditions exigées par le règlement de chaque faculté.

Les grades universitaires dans les facultés de l'Université majeure sont :

1° Baccalauréat ;
2° Licence ;
3° Doctorat.

Pour être bachelier, il faut : avoir été examiné et approuvé sur les matières qui correspondent aux trois premières années d'étude pour les facultés de théologie et de jurisprudence, aux cinq premières années pour celle de médecine, aux deux premières pour celle des sciences politiques et administratives et celle des lettres, ainsi que pour une des sections quelconque de la faculté des sciences ; soutenir devant la faculté une thèse sur une matière choisie par le candidat et devant un Jury nommé par le Doyen. Dans la faculté des sciences, le sujet est choisi par le candidat et le problème par le Jury.

Pour être licencié, il faut être bachelier de la faculté dont on sollicite le grade ; avoir été examiné et approuvé sur toutes les matières qui s'enseignent dans cette faculté comme obligatoires, et soutenir devant la même faculté une thèse sur un sujet, correspondant au cours de la dernière année, que désigne le sort, selon un questionnaire formé à cet effet par chaque faculté.

Pour être docteur il faut être licencié et lire une thèse sur un point correspondant à n'importe quelle matière enseignée par la faculté. Au pied de la thèse on pose un questionnaire formé par la faculté et qui contient un point de chacune des matières qu'enseigne cette faculté.

Dans les universités mineures, le conseil universitaire est formé du Recteur, du Vice-Recteur et des professeurs. Il remplit auprès du conseil supérieur de l'instruction les fonctions assignées aux facultés. Le conseil supérieur de l'instruction détermine les grades que peuvent conférer les universités mineures.

Il est permis de fonder des chaires libres d'enseignement supérieur, ainsi que des facultés et universités libres, sous l'inspection du Gouvernement qui se limitera, dans ce cas, à empêcher l'enseignement de doctrines contraires à la religion, à la morale ou à la forme du Gouvernement. Les grades universitaires que confèrent les universités libres n'ont aucune valeur officielle.

Il y aura au Pérou quatre écoles d'application savoir :

Ecole d'ingénieurs civils et des mines.
Ecole supérieure d'agriculture.
Ecole navale.
Ecole spéciale d'artillerie et d'état-major.

Deux de ces écoles sont déjà installées : celle des ingénieurs civils et des mines et l'école navale.

Grâce à la nouvelle organisation dont nous venons de résumer les points principaux, l'instruction publique est en voie de progrès au Pérou, surtout dans les grands centres, où le nouveau règlement a été mis en pratique immédiatement. La décentralisation de l'enseignement est appelée à produire de bons résultats. Les conseils départementaux qui, d'après la loi, doivent veiller à tout ce qui concerne l'instruction primaire et guider en outre les conseils provinciaux et de districts dans leur surveillance des écoles rurales, pourront, avant peu, doter le Pérou d'un excellent système d'instruction publique. Les conseils départementaux nomment, en outre, pour chaque province des délégués qui les représentent et qui contribuent puissamment à seconder les vues du Gouvernement et à implanter sur des bases solides le système scolaire de la République, en sorte qu'il est permis d'espérer que, sous peu, les plus petits villages seront pourvus d'écoles et que, grâce aux mesures sévères de la loi d'instruction publique, tous les Péruviens sauront lire, écrire et compter.

Les difficultés qui se présentaient pour les écoles, par suite du manque de fonds pour payer les instituteurs, difficultés qui, quelquefois, ont amené la fermeture de quelques établissements d'instruction primaire, — l'instituteur n'étant point rétribué cherchait à gagner sa vie autre part — n'existent plus aujourd'hui, grâce à la contribution dite *des Ecoles*. Les conseils de province et de district qui n'ont pas de rentes suffisantes pourront néanmoins soutenir, désormais, les écoles nécessaires pour l'instruction du peuple.

Le nombre des écoles que peut ainsi soutenir chaque conseil de district est non plus celui que lui permettent ses ressources propres, mais bien celui qu'exigent les besoins des populations, au moins en tant que peuvent le permettre les produits de la nouvelle contribution et celles que les municipalités peuvent établir également.

Selon les instructions données par le conseil supérieur de l'instruction aux conseils de provinces et de districts, le nombre des écoles qu'il doit y avoir dans chaque district dépend du nombre de villages qui le composent et de leur population. Pour les districts dont les communes et villages sont peuplés de moins de 500 habitants, il doit y avoir pour chaque deux villages une école qui fonctionnera alternativement une année dans l'un et une année dans l'autre. Pour que les enfants des deux sexes puissent recevoir l'instruction dans ces écoles, elles doivent être mixtes, soit que les filles et les garçons les fréquentent simultanément, soit à des heures différentes de la journée. Dans les communes de plus de 500 habitants, il doit y avoir une école fixe également mixte, mais si les rentes de la commune sont suffisantes on établira une école distincte pour chaque sexe. Les communes de 2.000 habitants auront deux écoles distinctes: une pour chaque sexe et celles de 3.000 à 10.000 habitants auront une école par chaque 3.000 habitants.

La création des fonds spéciaux des écoles, au moyen de la contribution dont nous venons de parler a déjà donné de bons résultats, et les conseils départementaux, provinciaux et de districts, s'efforcent chaque jour davantage de faire accepter le nouvel impôt qui, d'ailleurs, ne rencontre généralement pas d'opposition. Les écoles abandonnées s'ouvrent de nouveau, d'autres sont créées par les soins des autorités municipales, là où il n'en existait pas; de toutes parts se développe l'instruction publique qui est un besoin pour tous les pays, et une condition d'existence des Gouvernements républicains.

Les fonds destinés à l'enseignement primaire au Pérou sont suffisants pour assurer désormais la marche régulière et progressive de cet enseignement. Les Préfets sont invités à surveiller le recouvrement de ces fonds, à exciter par tous les moyens légaux le zèle des municipalités et leur prêter l'appui nécessaire afin qu'elles puissent faire exécuter la loi et les décisions du conseil supérieur de l'instruction publique.

Ces fonds se composent :

1° Des sommes que des lois spéciales ont appliquées aux écoles et de celles que ces écoles acquièrent par des moyens légaux.

2° Du 10 0/0 des terrains irrigués ou que l'on irrigue pour compte de l'Etat ou des municipalités.

3° Du produit de la contribution personnelle imposée à tous les citoyens de 21 à 60 ans et qui ne doit pas excéder 4 soles sur la côte et 2 dans l'intérieur, par année.

4° Des subventions que les conseils départementaux votent aux conseils de district et de celles que les conseils provinciaux votent pour les chefs-lieux de provinces.

5° Des amendes imposées aux citoyens qui ne payent pas régulièrement la contribution personnelle et de celles que l'on applique aux pères, tuteurs, ou patrons dont les fils, pupilles ou domestiques ne savent pas lire ou écrire ou ne fréquentent pas les écoles avec régularité.

Quand toutes ces ressources sont insuffisantes, les conseils de districts sont autorisés à établir des impôts sur les eaux-de-vie, la *Chicha*, la Coca, etc., ainsi que des droits pour l'autorisation de fêtes, de feux d'artifices et de réjouissances publiques.

Avec de telles ressources, nous ne doutons nullement que l'instruction primaire, dont la constitution du Pérou garantit la gratuité, ne se répande rapidement chez les masses et leur permettent d'apprendre à mieux connaître leurs droits et leurs devoirs. Une fois le chemin tracé, les générations futures le suivront. Le père instruit ne condamne pas son fils à rester dans l'ignorance.

Influence du système d'instruction publique sur les jeunes gens qui se destinent aux diverses carrières. — Les jeunes gens au Pérou se dirigent plus spécialement vers les facultés de Droit et de Médecine. Toutefois, depuis la réorganisation de la faculté des Sciences et l'établissement de l'Ecole d'application des Ingénieurs civils et des Mines, ils commencent à comprendre l'utilité des études scientifiques proprement dites. Malheureusement le niveau des études n'est pas encore très-élevé, ce qui rend quelque peu difficile le fonctionnement des écoles d'application dont les exigences, d'ailleurs, sont appelées elles-mêmes à élever le niveau des études, et elles y réussiront certaiment pour peu que l'administration les seconde. La carrière médicale, celle du barreau et la carrière ecclésiastique ont été, jusqu'à ces derniers temps, les seules qui fussent offertes à la jeunesse studieuse du Pérou. Mais aujourd'hui que les écoles spéciales lui ouvrent, ou lui ouvriront bientôt, d'autres carrières non moins importantes, il n'est pas douteux qu'elle se dirigera davantage vers les études scientifiques afin de pouvoir répondre aux exigences d'admission dans les écoles d'application.

Plus de sévérité dans la collation des grades, principalement de celui de Docteur, que confère la faculté des sciences, ne peut amener que d'excellents résultats pour le niveau général des études au Pérou. On fera sans doute moins de Docteurs, mais on fera plus d'hommes instruits et véritablement aptes à entrer dans la voie des applications de la science à l'industrie. Les thèses que présentent les candidats au doctorat ès-sciences ne sont que des compilations, des appréciations générales sur les matières de l'enseignement qu'ils reçoivent, des travaux de peu d'importance, en un mot, qui sont le fruit de quelques jours, à peine de quelques semaines d'application; et cependant, il serait bien facile d'exiger des jeunes Péruviens, comme on le fait dans beaucoup d'autres pays, des thèses qui présentent quelques résultats nouveaux ou qui, par l'ensemble de leurs résultats, font avancer la science en général. S'il est un pays où tout est presque à faire, au point de vue scientifique, c'est bien le Pérou. Les matériaux d'études ne manquent pas, et si chaque Docteur payait son tribut à la science, la connaissance de ce pays, si riche et si fécond, ne serait pas aussi peu avancée qu'elle l'est aujourd'hui. La science y gagnerait au point de vue général ; le niveau des études s'élèverait rapidement, et les richesses du pays, mieux étudiées, mieux connues, et mieux exploitées, contribueraient sur une vaste échelle à l'amélioration du bien-être économique de la nation tout entière.

C'est surtout l'école de Droit qui, jusqu'à ce jour a été le centre de prédilection des jeunes gens instruits. Le barreau offre un grand attrait, au Pérou comme partout. être avocat ouvre la porte des carrières administratives et c'est, surtout, le premier pas vers les sentiers attrayants de la vie politique.

En outre, la durée des études à la faculté de jurisprudence n'est que de cinq années, tandis qu'elle est de sept ans pour la faculté de médecine qui, à part cette petite circonstance, jouit de l'affection de la jeunesse et constitue pour elle un centre d'attraction.

Mais nous pensons que les écoles d'application sont appelées à changer cet état de chose. L'école des Ingénieurs civils et des Mines, bien que non complétement organisée encore, compte déjà de nombreux élèves; si le gouvernement finit par comprendre la nécessité de créer une Ecole supérieure d'Agriculture, nous pensons fermement que ces deux établissements sont appelés à détourner sérieusement le courant qui, jusqu'alors, a dirigé la jeunesse péruvienne vers le choix d'une carrière.

Le Pérou, en effet, possède deux sources de richesses inépuisables, l'agriculture et les mines. Bien exploitées, ces deux fécondes sources peuvent changer totalement, et en peu de temps, la situation économique du pays et rendre au Pérou son antique et proverbiale renommée de pays des richesses inépuisables. Faire moins d'avocats et de militaires, moins de docteurs et de politiques, et faire plus d'agriculteurs et de mineurs, nous a toujours paru la véritable voie dans laquelle doit s'engager le Pérou.

Avec une jeunesse douée d'un enthousiasme et d'une intelligence comme l'enthousiasme et l'intelligence de la jeunesse péruvienne, un pays peut toujours, en dirigeant bien d'aussi brillantes facultés, marcher rapidement vers le progrès moral et matériel qui assure le bien-être économique des nations.

Jusqu'à ce jour, ou à un jour peu éloigné encore, la jeunesse péruvienne a souffert d'une maladie que nous qualifierons de contagieuse, puisqu'elle la recevait des hommes d'un âge mûr : c'est l'empléomanie, accompagnée d'un penchant exagéré pour les luttes de la vie politique et les hasards des tentatives révolutionnaires. Les malades sont aujourd'hui en pleine convalescence et il est à espérer qu'ils ne souffriront aucune rechute, pour peu qu'on les aide. Le meilleur et le plus hygiénique régime à prescrire nous paraît être, sans contredit, d'appeler la jeunesse studieuse et instruite hors du milieu où elle a vécu jusqu'alors. Il faut, à notre avis, lui montrer que l'industrie offre des chemins qui conduisent aussi vite, et plus sûrement, à la fortune et aux honneurs, que ceux de la politique; que les carrières industrielles offrent au patriotisme, si vif et si pur chez les jeunes péruviens, un aliment plus sain et plus abondant que n'importe quelle autre carrière; qu'un agriculteur, ou un mineur, rend autant de services à son pays et a droit aux mêmes égards qu'un magistrat, un médecin ou un diplomate.

Depuis quelques années l'administration a prêté beaucoup d'attention à la réorganisation de l'instruction universitaire au Pérou. Elle a même créé une nouvelle faculté : la faculté des sciences politiques et administratives. Néanmoins nous pensons qu'il eût été plus utile de consacrer les sommes dont disposait l'Etat et qu'il mettait au service de l'instruction, à des écoles d'application, à une École des Mines qui existe aujourd'hui, de fait, mais qui manque de beaucoup de choses, et à une École supérieure d'Agriculture qui n'existe pas et n'existera peut-être pas de longtemps encore. Le Pérou, nous le répétons, a moins besoin d'employés de l'administration, de politiques et de diplomates (que d'ailleurs, lui fournissait en assez grand nombre la faculté de jurisprudence, l'une des plus dignes, des plus savantes et des plus estimables de l'Université), que d'agriculteurs et de mineurs intelligents, capables d'exploiter avec profit les richesses inépuisables dont la nature prodigue a doté le sol péruvien.

Les Gouvernements ne sauraient trop se rappeler que l'enseignement agricole est celui qu'ils doivent répandre de préférence à tous les degrés et sous toutes les formes, car c'est l'enseignement dont la richesse nationale et le bien-être moral et matériel du pays ont le plus à espérer, en même temps que celui dont l'ordre et la sécurité publiques ont le moins à redouter.

TROISIÈME PARTIE

CHAPITRE VII

PRODUITS CARACTÉRISTIQUES

QUI DOMINENT DANS L'ÉCONOMIE RURALE DU PAYS

Les produits caractéristiques qui dominent dans l'économie rurale du Pérou varient évidemment selon les régions que l'on considère :

Les produits de la Costa sont aussi différents de ceux de la Sierra que ceux-ci le sont eux-mêmes de ceux de la Montaña, ce qu'il est facile de comprendre après ce que nous avons dit du climat de ces trois zones. Bien qu'il existe une différence assez tranchée entre les produits agricoles de la Montaña et ceux de la Costa, cette différence n'atteint jamais les caractères de celle qui sépare les produits de ces deux régions, de ceux de la Sierra. Les altitudes ont en effet une très-grande influence sur les manifestations de la vie, soit végétale, soit animale. La Costa, dont l'altitude est comprise entre 0 et 2 000 mètres, diffère assez peu, à ce point de vue, de la Montaña, dont l'altitude varie de 2 000 à 500 mètres. Mais ces deux zones diffèrent l'une de l'autre, et, d'une manière considérable, des hauts plateaux qui constituent la région appelée Sierra par les Péruviens, et qui sont situés à une hauteur qui varie entre 2 000 et 4 000 mètres au-dessus du niveau de la mer.

Il est bon de dire, que si les différences d'altitutes entre la Costa et la Montaña n'influent pas considérablement pour différencier les produits caractéristiques qui dominent dans l'économie rurale de ces deux régions, il n'en est pas de même de leurs climats qui exercent assurément une action fort notable sur la nature de ses produits; l'absence de pluies d'une part, leur fréquence de l'autre, au moins pendant tout une saison ; les différences, quoique faibles (deux ou trois degrés centigrades) qui existent entre les moyennes annuelles de température de l'une et l'autre zone; la nature même du sol de ces deux régions, sont autant de causes qui impriment à leurs produits végétaux un facies particulier et des caractères suffisamment tranchés.

Les produits qui dominent dans l'économie rurale du Pérou, doivent donc être examinés séparément et pour chacune des trois zones parallèles bien distinctes qui divisent ce pays, du nord au sud. C'est ainsi que nous allons les considérer.

Région de la Costa. — Cette région, avons-nous dit plus haut, est celle qui s'étend des bords du Pacifique au versant occidental de la cordillère jusqu'à une hauteur d'environ 2.000 mètres au-dessus du niveau de la mer.

C'est dans cette partie du Pérou, dont nous avons déjà fait connaître le climat et la nature du sol, que l'agriculture est le plus développée. Dans les deux autres zones, l'exploitation du sol est à peu près partout limitée par les besoins de la consommation locale, et il en sera ainsi jusqu'à ce que les voies de communication permettent aux riches produits de ces régions de s'écouler vers des marchés où ils acquerront une valeur rémunératrice du travail et des capitaux qu'a nécessités leur production.

Dans la Costa, il n'en est plus de même; la population, et partant la consommation, y sont beaucoup plus considérables. En outre, un assez vaste réseau de voies ferrées et, surtout, la proximité de la mer, permettent à l'agriculture de cette région d'écouler ses produits sur les marchés, non-seulement du Pérou, mais encore sur ceux des Républiques voisines, sur ceux des États-Unis et même sur les marchés européens. Les produits de l'agriculture dans la Costa sont donc non-seulement destinés à l'approvisionnement des marchés de consommation locale, mais encore à être exportés jusque sur les marchés de l'Ancien continent.

L'agriculture de la côte du Pacifique revêt ce caractère industriel, surtout depuis quelques années, et elle tend chaque jour davantage à fournir des produits d'exportation et à abandonner la culture des substances de consommation locale, préférant les importer, comme elle le fait, par exemple, pour son blé qui lui vient du Chili; pour son riz qui lui vient de la Chine et du Japon, avec escale sur le marché européen; pour sa viande qu'elle tire du Chili, au moins en partie, et même de la République Argentine.

Il est naturel de penser que si l'agriculture de la Costa est entrée dans cette voie de production industrielle d'exportation, au détriment des produits de consommation locale qu'elle importe de l'étranger, c'est qu'elle y trouve son profit. Peut-être s'est-elle exagéré ce profit, car enfin les produits étrangers ne lui arrivent, et ses propres produits ne se présentent sur les marchés étrangers, que chargés d'énormes frais de transport, de commissions, de risques, d'intermédiaires, etc. Mais il serait bien difficile, dans l'état où elle se trouve actuellement, de lui donner des conseils. L'agriculture de la côte péruvienne du Pacifique, en effet, est encore dans l'enfance. La surprenante fertilité du sol qu'elle exploite ne l'a pas habituée à marcher cautèleusement et à faire, chaque jour, la balance de sa situation.

Des circonstances exceptionnelles, au point de vue économique et financier, ont fait qu'elle a été saisie d'un moment de fièvre, d'une espèce de vertige qui lui a fait abandonner quelque peu la réserve et la prudence qui lui convenaient. Il y a quelques années, le Pérou disposait de sommes relativement considérables qui, distribuées un peu entre toutes les classes de la société, disparaissaient aussi rapidement qu'elles étaient venues. Le vent était aux grandes entreprises ; l'agriculture s'y abandonna tête baissée. Les établissements de crédit lui offrirent de grands capitaux, et elle les accepta, moyennant hypothèque et un fort intérêt. Elle oublia les profits que donne la division du travail, et elle se fit à la fois productrice manufacturière et commerçante.

Le personnel agricole était-il bien préparé à cette grande révolution ? Il est permis d'en douter. L'enseignement agricole n'a jamais existé au Pérou ; la routine, les méthodes et les procédés vieillis ou insuffisants s'y montrent encore fréquemment. Les lois économiques, les conseils salutaires de la science et de la pratique expérimentale n'y sont pas toujours respectés. On ne semble pas se rendre compte qu'en agriculture, plus que pour nulle autre industrie, les moindres fautes, les moindres négligences dans l'observation de ces lois et la pratique de ses conseils, peuvent conduire aux plus funestes résultats et amener une grande exploitation agricole aux bords d'un abîme qu'elle n'apercevra que tardivement et quand sa chute sera probable, quelquefois même inévitable.

Le manque absolu de statistique agricole; la difficulté de se procurer auprès des agriculteurs des renseignements utiles, précis, et surtout des renseignements sur lesquels on puisse compter, font qu'il est bien difficile de connaître la véritable situation de l'agriculture de la Costa et les avantages qu'elle trouve à se livrer aux cultures industrielles dont les produits s'exportent, abandonnant ainsi la production des substances de consommation locale.

Il est certain que la culture de la canne à sucre est tout indiquée sur la côte du Pérou, région qui se prête admirablement à ce genre d'exploitation du sol, ainsi que nous le dirons plus loin en parlant des cultures spéciales. Ce qui fait surtout de la côte du Pérou un lieu de prédilection pour la canne à sucre, qui y donne des rendements supérieurs à ceux qu'elle procure dans tous les pays sucriers, sans excepter même le Brésil, c'est qu'elle n'a pas, là, à redouter les conséquences terribles des circonstances atmosphériques qui dans d'autres régions sucrières réduisent presque à néant les récoltes sur lesquelles on avait fondé les plus belles et les plus légitimes espérances. Là, pas d'ouragans destructeurs, pas de pluies intempestives : une véritable culture en serre tempérée, la chaîne des Andes faisant l'office d'abri contre les vents de l'est, tandis que la chaleur est régularisée par la masse des eaux du Pacifique qui permettent à la côte du Pérou de jouir d'un véritable climat insulaire.

Le grand développement de l'industrie sucrière au Pérou semble donc parfaitement logique et rationnel. Les premières années ont été quelque peu pénibles, mais aujourd'hui la situation de cette industrie est des plus brillantes. La hausse des prix des sucres en 1876; la crise financière que le Pérou souffre depuis quelques années et qui a déterminé une hausse considérable du change sur l'étranger, ont créé cette situation, en permettant aux producteurs et fabricants de sucre de remplir, dans d'excellentes conditions, les engagements qu'ils avaient pris envers les banques et les capitalistes.

Les grandes cultures de riz, de coton, de fourrages, sont appelés, sinon à disparaître, au moins à diminuer considérablement, sur la côte du Pérou, devant l'invasion incessante des plantations de canne à sucre, qui rendent réellement de plus grands profits. Cette invasion néanmoins, ne laisse pas de déterminer un certain trouble économique, passager sans doute, mais qui se traduit par un malaise immédiat dû à l'insuffisance de la production des substances alimentaires qui doivent approvisionner les marchés de la consommation journalière, substances dont les prix, depuis quelques années, ont éprouvé une hausse considérable. L'équilibre se rétablira naturellement ; on importera les objets de première nécessité ; l'ouvrier étant obligé de payer plus cher les produits qu'il consomme, vendra plus cher ses services, et le trouble economique, plus apparent que réel, qui n'a pas laissé néanmoins de préoccuper l'administration péruvienne, disparaîtra de lui-même.

La petite culture, dans la région de la Costa, produit en général toutes les substances alimentaires des pays tempérés : légumes, fruits, céréales, fourrages. L'horticulture et surtout l'arboriculture y sont fort peu avancées, et cependant pourraient donner des résultats très-rémunérateurs. Les arbres fruitiers sont généralement abandonnés à eux-mêmes et naturellement donnent des fruits de mauvaise qualité. Les pommes et les poires ne sont presque pas mangeables. A l'exception des pêchers, les Rosacées amygdalées ne viennent pas bien sur la côte péruvienne : les prunes, les cerises, les amandes fraîches y sont inconnues ; il est vrai que l'on n'a pas fait d'efforts, que nous sachions, pour les y acclimater.

Les seules céréales cultivées sont le riz et le maïs : l'orge et le froment le sont à peine, sur certains points de la Costa, voisins de la Sierra. La culture du riz est en outre abandonnée chaque jour davantage, ainsi que nous venons de le dire pour celle de la canne à sucre, qui semble plus rémunératrice. Quant aux fourrages, leur culture est assez limitée pour que l'on ait recours aux fourrages secs qu'exporte le Chili.

C'est surtout la luzerne qni constitue la base des prairies artificielles. Les trèfles et le sainfoin ne sont pas cultivés au Pérou ; pendant la saison sèche, la luzerne est remplacée comme fourrage par le maïs, que l'on fait consommer en vert, avant la maturité du fruit, ou après sa récolte, et par une graminée que l'on appelle maizillo (*Paspalum purpureum*) et qui est très-estimée comme fourrage. Une autre graminée originaire d'Afrique, croyons-nous, est cultivée au Pérou sous le nom de *gramalote* et donne un fourrage de qualité inférieure.

Quant aux produits dont la culture est spéciale au Pérou et aux régions intertropicales, ils ne sont pas très-nombreux. Nous citerons le Camote (*Batata edulis*), qui figure à un très-bon rang sur le marché des comestibles ; la Yuca (*Manihot palmata*), également très-estimée par ses racines volumineuses riches en fécule et d'une saveur agréables. La pastèque (*Citrullus vulgaris*) est cultivée sur une assez grande échelle dans certaines vallées de la Costa et jouit d'assez d'estime chez les amateurs qui, au Pérou, la mangent sous le nom de *Sandia*. Les melons que l'on cultive sur la côte, bien que ne recevant presque aucuns soins spéciaux, sont généralement de bonne qualité. On cultive également une autre cucurbitacée originaire du Pérou et à fruits comestibles, c'est la Caïgua (*Momordica pedata*.)

Parmi les solanées autre que le *Physalys pubescens*, le *Solamun tuberosum*, les *Lycopersicum*, c'est surtout le genre *Capsicum* qui, sous le nom de *aji*, est au Pérou l'objet d'une culture qui atteint, dans certaines régions, des proportions considérables. La quantité de fruits de ces plantes que consomment les indigènes est presque incroyable et, dans certaines régions, la culture de l'aji occupe une vaste étendue de terrain. Les espèces et variétés de *Capsicum* cultivées sont fort nombreuses. Nous citerons particulièrement le C. *annuum* (Aji largo), le *C. frutescens* (Aji arnaucho), le *C. pubescens* (Rocoto), etc.

Quant aux fruits propres au Pérou, et en général aux régions tropicales, nous citerons la Chirimolla (*Anonas Cherimolla*), la Palta (*Persea gratissima*), la Guayaba (*Psidium pyriferum*), la Guanabana (*Anona muricata*), le Palillo (*Campomanesia cornifolia*), le Platano (*Musa paradisiaca*), la Granadilla (*Passiflora ligularis*), le Tumbo (*Passiflora cuadrangularis*), le Papayo (*Papaya vulgaris*), le Mamei (*Mamea Americana*), le Lucumo (*Lucuma obovata*), le Caimito (*Lucuma Caimito*), le Zapote (*Achras Sapota*), le Mango (*Mangifera Indica*), la Ciruela agria (*Spondias purpurea*), la Ciruela del fraile (*Bunchosia armeniaca*), la Granada (*Punica granatum*), les Oranges et les Citrons (*Citrus aurantium, vulgaris, Limonium, Limetta*), la Piña (*Ananassa sativa*), etc.

Les noix du Pérou (*Juglans nigra*) sont bonnes à manger, mais leur amande est si petite et surtout, leur partie ligneuse est si épaisse et si dure, qu'elles ne figurent pas sur le marché. La pulpe abondante et sucrée qui entoure les graines du Pacay (*Inga reticulata*) est très-estimée par les indigènes, qui mangent également, sous le nom de Nispero, les fruits de l'*Eryobotria Japonica*). Les fruits de plusieurs Cactus sont comestibles. Ceux qui figurent le plus communément sur le marché sont les Tunas (*Opuntia Tuna*). Les fruits que l'on cultive au Pérou sous le nom de *ceresas* sont les baies odorantes et de saveur agréable du *Malpighia setosa*. L'olivier (*Olea Europea*) n'est cultivé que pour ses fruits, employés comme comestibles, mais on n'en extrait pas d'huile ou, au moins, on ne le fait que sur une très-petite échelle. Le dattier (*Phœnix dactylifera*) est cultivé sur plusieurs points de la côte et donne des fruits de bonne qualité. Les raisins de table du Pérou sont d'excellente qualité et justement estimés.

Tous ces produits sont de consommation purement locale et ne figurent en rien dans l'exportation. Le Pérou n'exporte pas de fruits ; il reçoit, au contraire, des oranges de Guayaquil et des poires, des pommes, des noix du Chili. L'Europe lui envoie, en outre, des fruits secs ou conservés dans l'eau-de-vie, en assez grande abondance.

Les produits de la grande culture, dans la région de la Costa, sont principalement le vin, le coton et le sucre. Le café et le riz sont cultivés sur une assez vaste échelle par quelques propriétaires, mais cette culture reste limitée à quelques départements du nord de la République. Il est vrai qu'il en est de même pour la vigne, dont la culture est presque exclusivement propre aux départements de Moquegua et d'Ica.

Les vins de ces deux départements, et, plus spécialement ceux de Moquegua, sont d'assez bonne qualité. S'ils ne jouissent pas, sur les tables péruviennes, de toute l'estime qu'ils méritent, c'est peut-être uniquement parce qu'ils sont péruviens. « Nul n'est prophète dans son pays. » Sans doute, ces vins sont inférieurs aux vins fins que l'Europe expédie en Amérique, mais nous pensons que cette infériorité dépend, en grande partie, de leur mauvaise fabrication. La viticulture est encore moins avancée, au Pérou, que la plupart des autres branches de l'industrie agricole. Le travail des vins y est très-primitif. Le vigneron s'efforce, avec ses raisins d'Ica et de Moquegua, et moyennant toutes sortes de drogues, de faire des vins de Bordeaux, de Bourgogne, de Xérès, etc., toutes sortes de vins, sans songer qu'il devrait s'appliquer simplement à faire des vins d'Ica et de Moquegua. Et quels vins de Bordeaux fait-on, surtout dans le département d'Ica! Les vins que l'on arrive à imiter le mieux à Ica sont les xérès. Nous avons eu occasion d'en déguster qui n'étaient pas inférieurs à ceux que fabrique l'industrie de Cette. En général, c'est l'élément sucré qui domine dans le raisin d'Ica et qui fait le désespoir des vignerons. Aussi la plupart de leurs vins rappellent, quant à la couleur et à la saveur, les vins de Lunel et de Frontignan. Ils ne sont pas désagréables à boire, comme vins de dessert, mais ce ne sont, pour le moment, que de très-médiocres vins de table.

Les vins blancs de Moquegua sont plus secs que ceux d'Ica et constituent de bons vins de table; malheureusement, nous croyons qu'ils ne sont pas de grande durée, défaut qui serait peut-être facile à faire disparaître par des soins de fabrication.

La viticulture est un art bien difficile et bien délicat, surtout quant à la fabrication du vin. Cet art est encore dans l'enfance au Pérou. Les produits de la vigne sont plutôt consommés après distillation, et sous la forme d'eau-de-vie, que sous celle de vins. Ces eaux-de-vie jouissent d'une grande réputation dans le pays et nous estimons qu'elles la méritent. Il n'est pas rare de voir des Européens préférer l'*italia* et le *pisco* aux meilleurs cognacs qu'expédie l'Europe.

L'industrie viticole du Pérou a besoin de se livrer à de sérieuses études, de renoncer à la routine et aux vieux procédés de fabrication, pour que ses produits puissent lutter contre ceux de l'importation. Les vins du Pérou devraient, cependant, sortir victorieux de cette lutte, si on prenait un peu plus de soin à les fabriquer; car il faut avoir vécu à Lima et sur toute la côte du Pacifique, pour savoir quels infâmes breuvages y exporte l'Europe, sous les noms les plus pompeux et les plus sonores, des vignobles de France et d'Espagne.

L'enseignement agricole ; des cours spéciaux de vinification ; l'étude des variétés de vignes qu'il convient le mieux de cultiver, la recherche expérimentale des soins qu'exige leur culture sous le climat si particulier de la côte du Pérou, ainsi que de ceux que réclament la vinification et la distillation, pourront seuls donner à la viticulture péruvienne l'impulsion dont elle a besoin pour pouvoir fournir les résultats que l'on est en droit d'exiger d'elle.

Le coton est surtout cultivé dans la partie nord du Pérou. Il l'est également dans plusieurs départements de la côte situés au centre, dans les départements de Lima et d'Ica, par exemple; mais c'est au nord que cette industrie est le plus importante.

L'industrie cotonnière prit au Pérou un très-grand développement à l'époque de la guerre de sécession des États-Unis, guerre qui, comme on sait, fit tomber la production du coton dans ce riche pays, d'un milliard de kilogrammes qu'elle avait atteint en 1860, à moins de 50 millions de kilogrammes qu'elle accusa en 1867. Cette industrie laissa de grands bénéfices aux agriculteurs péruviens, grâce à la hausse qui, à cette époque, se produisit sur les cotons. Mais, dès 1871, les États-Unis jetaient de nouveau sur le marché 680 millions de kilogrammes de coton et les prix prenaient une allure plus normale, qui devait amener la chute de la culture du coton sur une grande partie de la côte du Pérou. Cette culture ne s'était développée, en effet, qu'à l'ombre d'une hausse considérable de l'article, par suite des désastres de la guerre civile des États-Unis et de ceux, plus menaçants encore pour les travaux des champs, de la paix qui, en abolissant l'esclavage, retira d'un coup, à l'agriculture, les bras dont elle disposait, et cela au moment où elle en avait le plus besoin pour se relever des désastres de la guerre.

Si l'on excepte les départements situés au nord, la côte du Pérou ne saurait être considérée comme favorable à la culture du coton. Les nuits y sont trop fraîches et la plante cotonnière en souffre considérablement. Ces froids nocturnes, qui amenaient fréquemment la perte totale ou presque totale de la récolte; la baisse des prix à la suite de la guerre de sécession; les grands bénéfices qu'offre la culture de la canne à sucre sur presque toute la côte du Pacifique, ont amené peu à peu les agriculteurs péruviens de cette région à l'abandon, presque complet dans certains départements, total dans d'autres, de la culture du coton, qu'ils ont remplacée par celle de la canne. Nous pensons que cette mesure a été très-sagement prise, car nous ne croyons pas qu'il soit possible aux cotons péruviens de lutter contre ceux des États-Unis, de l'Égypte, etc.; et nous estimons que la canne à sucre, qui s'accommode parfaitement des conditions climatériques de la Costa et qui donne des résultats considérables comme produit, peut procurer de bien plus grands bénéfices aux agriculteurs péruviens que ne le ferait le coton.

La canne à sucre est, sans contredit, la base de la grande culture industrielle au Pérou; c'est à elle que les agriculteurs péruviens de la Costa consacrent tous leurs efforts et c'est vers elle qu'ils dirigent toutes leurs espérances. De même que les Nord-américains se sont dévoués au culte du « dieu coton », on peut dire que les Agriculteurs Péruviens ont proclamé la canne leur reine et la déesse à laquelle ils rendent tous leurs hommages.

La culture de la canne à sucre, au Pérou, remonte à une époque assez éloignée. Bien qu'on ait prétendu que cette plante existait en Amérique, et y croissait à l'état sauvage, avant la découverte du Nouveau-Monde par Colomb, nous croyons que la précieuse graminée saccharifère n'y figure que depuis le commencement du XVIe siècle. On sait que la canne à sucre est originaire de l'Inde et qu'à l'époque des conquêtes d'Alexandre elle passa des régions situées au-delà du Gange dans la Syrie, l'Arabie et l'Égypte. Au XIe siècle, les Maures l'auraient introduite en Espagne, selon l'écrivain arabe Ebn-El-Ervan. C'est de là qu'au commencement du XVe siècle les Portugais l'auraient introduite au Brésil, les Espagnols et les Français aux Antilles, d'où elle passa rapidement sur tous les points de l'Amérique tropicale. Elle n'arriva au Pérou qu'au milieu du XVIIe siècle, et sa culture ne s'y développa que fort lentement, d'abord.

On sait, en effet, que le Pérou qui, sous la domination des Incas, était une région où florissait l'agriculture, devint, après la conquête, un pays essentiellement minier. La domination espagnole, qui dura jusqu'au commencement du siècle actuel, était peu propre à accoutumer les Péruviens au travail et, surtout, à leur donner le goût de l'agriculture.

La culture de la canne à sucre, jusqu'à notre époque, demeura donc très-limitée et n'eut pour objet que la consommation locale. Ce n'est que depuis l'Indépendance que l'agriculture a commencé à prendre son essor, au Pérou. Dès lors, la culture de la canne a pris des proportions considérables et, enfin, depuis quelques années, le sucre est devenu un important produit d'exportation. Il n'existe malheureusement pas, nous l'avons déjà dit, de statistique agricole au Pérou; mais on peut estimer que, durant les quatre dernières années, l'exportation du sucre a quadruplé. Nous ne pensons pas exagérer en l'estimant aujourd'hui à près de 100.000.000 de kilogrammes. Ce chiffre permet, d'ores et déjà, au Pérou, de prendre le premier rang parmi les pays producteurs de sucre de canne, après Cuba, Java, le Brésil, Maurice et Manille, et, nous le répétons, la production péruvienne est en voie de s'accroître considérablement, promettant de placer la côte péruvienne au rang des plus importantes régions sucrières.

Depuis quelques années, en effet, d'importantes usines ont été fondées sur la côte du Pérou, en vue de l'industrie sucrière. Les anciennes machines et les anciens systèmes de fabrication du sucre ont été généralement abandonnés et les meilleurs procédés d'élaboration, ainsi que les appareils les plus puissants et les plus perfectionnés, se sont introduits dans cette région sucrière par excellence. Il existe aujourd'hui des installations qui peuvent fabriquer 10.000, 15.000 et 20.000 kilogrammes de sucre par jour. Sans doute, l'industrie sucrière, au Pérou, n'a pas dit son dernier mot, et c'est précisément parce qu'il reste encore beaucoup à faire que nous espérons voir la production de ce pays augmenter rapidement, comme elle l'a déjà fait depuis quelques années.

Ce développement de l'industrie sucrière sur la côte péruvienne a eu, ainsi que nous l'avons déjà dit, de sérieuses conséquences au point de vue économique : la valeur du sol a doublé et même triplé depuis vingt ans; l'intérêt du capital a sensiblement augmenté et les salaires sont arrivés à des chiffres exorbitants, si on les compare à ceux des années antérieures à 1854, époque à laquelle la révolution du général Castilla amena la manumission des esclaves. Mais l'industrie sucrière est si vivace dans cette région et fait concevoir de si grandes espérances, que son essor n'est pas arrêté par cette hausse toujours croissante de la valeur des éléments de la production : du sol, du capital et du travail.

Il existe, sur la côte du Pérou, environ 240 exploitations ou haciendas qui se livrent à la culture de la canne à sucre. De ce nombre, 120, c'est-à-dire la moitié environ, font de la culture en grand et s'adonnent exclusivement à la production du sucre. Les autres se livrent à une culture mixte ou en petit. La plus grande partie des établissements de grande culture sont pourvus de machines et d'appareils perfectionnés pour l'extraction et la fabrication du sucre; les autres, quand ils bénéficient eux-mêmes leurs cannes, en sont encore réduits aux moulins primitifs, mûs par des animaux, et à la pratique de la cuite à feu nu et au contact de l'air.

Le plus grand nombre des usines à vapeur de la grande culture usent du concréteur et des centrifuges, bien que le système d'égouttage dans les formes coniques soit encore fréquent. Les établissements récemment installés sont tous pourvus des appareils les plus perfectionnés d'évaporation et de cuite à la vapeur et dans le vide. Un certain nombre sont organisés pour le raffinage de leurs produits, mais cette branche de l'industrie sucrière n'a pas encore pris un grand développement sur la côte du Pérou et nous ne pensons pas même qu'elle soit susceptible de le prendre jamais, pour plusieurs raisons, et, principalement, parce que les premiers produits, après le turbinage, sont aussi blancs que peut le désirer le consommateur le plus délicat, et leur degré de pureté est considérable. Rarement ils contiennent moins de 95 0/0 de sucre cristallisable. Le terme moyen est 96 et 97 0/0.

Région de la Sierra. — La Sierra est, avons-nous dit déjà, la partie montagneuse et élevée du Pérou, celle qui occupe les hautes régions de l'immense cordillère des Andes. Les produits de la Sierra sont très-variés, selon les hauteurs et selon diverses circonstances topographiques. Ils se rapprochent plus que ceux de la Costa des produits des régions tempérées, bien que sur certains points ils offrent tous les caractères de ceux des régions tropicales, ce qui s'explique facilement par cette circonstance que, sur un parcours de moins de 50 kilomètres on passe quelquefois de la température relativement élevée de la côte du Pacifique, aux régions glacées des neiges perpétuelles.

L'agriculture de la Sierra produit avec abondance les céréales, maïs, foment, orge et les fourrages, tels que la luzerne et diverses graminées indigènes. Aussi l'élevage des troupeaux, des vaches et des moutons, y est-il assez fréquent, en vue de l'exportation sur la côte et principalement à Lima. Malheureusement les connaissances zootechniques y sont bien limitées et on ne se préoccupe nullement de l'amélioration des races qui, dans certaines partie de la Sierra, sont très-mauvaises et complètement abâtardies, par suite du manque de soins. Ces mauvaises conditions sont surtout communes dans la partie transandine de la Sierra, où les troupeaux sont formés d'individus de petite taille qui donnent peu de laine, peu de viande, et encore de qualité tout à fait inférieure. Là les animaux sont abandonnés aux intempéries du climat depuis leur naissance jusqu'à leur mort, qui arrive le plus souvent faute de soins, soit par suite du manque d'aliments, soit par les déprédations du lion d'Amérique (*Feliz Puma*) ou du renard (*Canis Azaræ*) qui sont assez communs dans certaines partie de la Sierra.

Quelques éleveurs sont néanmoins entrés déjà dans la voie des améliorations pour la race ovine, qu'ils croisent avec des races à laine plus fine et de meilleure qualité.

C'est dans la Sierra, et surtout dans la partie méridionale, que vivent un certain nombre d'animaux indigènes du Pérou et tout à fait caractéristiques des régions de la Cordillère, comme par exemple le Llama, la Vicuña, l'Alpaca ou Paco et le Guanaco. Le Llama est employé comme bête de charge et bien qu'il ne soit à même de porter qu'un très-faible poids (50 kilogrammes) et tout à fait incapable de marcher, si ce n'est un peu plus vite qu'une tortue (de 3 à 4 lieues par jour), il n'en rend pas moins de très-grands services, par suite du peu de soins qu'il réclame et du peu de dépenses qu'il exige pour sa nourriture. Les herbes rachitiques et presque sèches qui croissent entre les rochers et sur les hauts plateaux de la cordillère lui suffisent. Il peut rester plusieurs jours, et même des semaines, sans boire, comme un chameau, animal dont il est d'ailleurs très-voisin sur l'échelle zoologique. Son sabot est armé d'une espèce de griffe qui l'empêche de glisser sur la neige et assure sa marche sur les pentes escarpées. On emploie les Llamas par troupes considérables de plusieurs centaines, et leur conduite est des plus faciles. La vicuña, l'alpaca et le guanaco sont surtout remarquables par la finesse de leur laine, bien connue aujourd'hui sur le marché européen. Ces animaux vivent à l'état sauvage sur les hauts plateaux de la cordillère et sur les pics élevés que couronnent les neiges perpétuelles, à une hauteur de 5.000 à 6.000 mètres au-dessus du niveau de la mer. Dans ces parages glacés, les immenses troupeaux que forment ces animaux ne rencontrent, pour toute alimentation, qu'une petite plante rachitique appelée *Ichu*, au Pérou, et qui couvre les hauts sommets des Andes depuis l'Équateur jusqu'à la Patagonie. On a cherché à domestiquer ces animaux, surtout la vicuña et l'alpaca, mais l'entreprise n'a pas, jusqu'à présent, donné de bons résultats. Néanmoins elle ne paraît pas impossible, et les Péruviens, en dirigeant leur activité vers ce point, peuvent y trouver une source de richesses considérable.

La difficulté principale de domestiquer les alpacas consiste dans les soins minutieux dont ont besoin ces animaux, soins qui demandent beaucoup de patience et d'adresse et que l'Indien qui, en quelque sorte, s'incorpore à son troupeau, peut seul donner, car son organisation lui permet de vivre à des hauteurs qui cessent d'être habitables pour ceux qui ne sont point nés dans ces hautes et inhospitalières régions.

Mais l'Indien se décourage chaque jour davantage de l'élevage des troupeaux d'alpaca, non qu'il laisse de reconnaître les beaux profits qu'il peut retirer de ce travail, mais parce que, souvent, il arrive que ces profits lui échappent par suite du peu de délicatesse de certains spéculateurs et des difficultés qu'éprouve l'administration à faire prévaloir le respect de la justice et des lois dans certaines régions de la Cordillère où l'autorité est entre les mains de gouverneurs subalternes qui n'ont souvent que de très-faibles notions du tien et du mien.

L'industrie agricole de la Sierra cultive plusieurs plantes tuberculeuses indigènes qui fournissent aux habitants des aliments féculeux variés, sains et abondants. La pomme de terre (*Solanum tuberosum*) l'un des produits du règne végétal qui rend le plus de services à l'humanité, est originaire de la Sierra du Pérou, comme tout le monde sait. La pomme de terre est cultivée dans presque tout les points de la Sierra, mais dans certaines régions, elle croît en abondance à l'état sauvage. Les indigènes des parties élevées du versant occidental de la cordillère désignent sous le nom de *Curo* la pomme de terre sylvestre qu'ils distinguent de celle qu'ils cultivent et qu'ils appellent *Papas*. Par sa partie aérienne, la pomme de terre sauvage ne se sépare pas beaucoup de celle que l'on cultive, si ce n'est que ses feuilles sont un peu plus minces, mais elle diffère quelque peu par sa partie située dans le sol : ses tiges souterraines s'étendent considérablement et les tubercules, au lieu d'être réunis en un même point du sol, se trouvent dispersés sur toute l'étendue de la partie souterraine de la tige. Quand les Indiens labourent la terre, ils recueillent un grand nombre de tubercules que la charrue met à découvert, ensuite ils parquent leurs porcs sur le terrain labouré, et ces animaux y trouvent encore de quoi s'alimenter pendant quelques jours. Dans le département d'Ancachs, l'altitude de prédilection de la pomme de terre sauvage est de 2.500 à 3.000 mètres au-dessus du niveau de la mer.

Dans le même département d'Ancachs et dans la province de Caraz, on cultive une assez remarquable variété de pomme de terre que l'on appelle *Chaucha*. Elle jouit de la propriété de pouvoir être récoltée après trois mois de plantation, tandis que la pomme de terre ordinaire ne se récolte qu'au bout de cinq ou six mois. La chaucha est une pomme de terre agréable à manger, mais qui offre l'inconvénient de ne pouvoir se conserver; à peine cueillie, elle commence à entrer en végétation.

Les autres tubercules que produit l'agriculture de la Sierra sont l'Olluco, tubercules de l'*Ullucus tuberosus*, plante de la famille des Basellées, dont les racines sont riches en fécule et fournissent un aliment sain et nutritif. On cultive également l'*Ullucus Kunthii* dont on mange les parties souterraines au Pérou sous le nom de *Papas lisas jaspeadas*. La Sierra produit encore l'Oca (*Oxalis crenata*) dont les tubercules féculeux sont comestibles et très-estimés; l'Arracacha (*Arracacha esculenta*), ombellifère à tubercules souterrains comestibles, qui, dans certaines parties de l'Amérique du Sud, en Bolivie par exemple, remplace la pomme de terre.

Dans les très hautes régions de la cordillère, sur les grands plateaux que l'on désigne, au Pérou, sous le nom de *Puna*, là où le blé et le maïs ne mûrissent pas leur fruit et où pas un arbre, pas le plus rachitique arbrisseau, ne trouble la monotonie d'un sol plan, élevé et presque glacé, on cultive la *Quinoa* (*Chenopodium Quinoa*), dont les graines amylacées, avec l'oca et la pomme de terre, servent de nourriture aux habitants de ces hautes et froides régions. Dans l'ancien Collao, aujourd'hui département de Puno, sur les bords du lac Titicaca, on conserve les pommes de terre d'une récolte à l'autre en les séchant au soleil, ou en les soumettant à l'action de la gelée, ce qui constitue un insipide aliment qui ne peut être mangé que par les authocthones ou par des affamés qui ne disposent de nul autre comestible. On le désigne sous le nom de *Chuno*.

L'agriculture de la Sierra n'est pas obligée, comme celle de la Costa d'avoir recours à l'irrigation qui, dans cette dernière région, est une condition *sine qua non* de la production végétale. On n'a recours à l'irrigation dans la Sierra, que pour la culture du maïs et de la luzerne. Quant aux autres cultures, froment, orge, pomme de terre, etc., on attend généralement les premières pluies pour les ensemencements, et la récolte se fait à la fin de la saison pluvieuse ou au commencement de la saison sèche.

La Sierra n'est pas toujours froide : elle possède une très-grande variété de climats, depuis le climat de la côte du Pacifique jusqu'à celui des froids plateaux de la cordillère ou Punas, en passant par tous les climats des régions tempérées. Aussi n'est-il pas rare de voir l'agriculture de la Sierra fournir les produits caractéristiques des régions tropicales, c'est-à-dire les mêmes produits que l'on retrouve sur la côte comme la chirimoya, l'orange, la canne à sucre, etc. On y cultive aussi les Bananes (*Musa paradisiaca*) l'Avocatier (*Persea gratissima*) la Yuca (*Manihot palmata*). Enfin on y trouve la plupart des produits des régions tempérées qui ont été acclimatés sur la côte du Pérou : fruits, légumes, céréales, fourrages, etc.

Il n'est pas rare que les cultivateurs de la Sierra obtiennent deux récoltes dans un an sur un même terrain; ils sèment des pommes de terre au mois de décembre et les recueillent au mois de mai. Au mois de juin ils sèment en blé le même terrain, qui est tout préparé par l'arrachage des pommes de terre, et font la moisson au mois de novembre. L'année suivante ils laissent reposer le terrain et ne lui demandent qu'une récolte et, encore, différente. Ils le sèment de maïs, au lieu de pommes de terre, établissant ainsi un véritable assolement bisannuel, qui est peut-être le seul exemple d'alternance régulière de récoltes, qu'offre l'agriculture du Pérou. C'est ainsi que dans le département d'Arequipa on demande chaque année deux récoltes au sol, maïs et blé, ou, pommes de terre et blé. Il arrive même que pendant la saison froide on sème des fèves, ce qui porte quelquefois à trois le nombre des récoltes que le sol fournit annuellement.

Région de la Montaña.— Cette région, avons-nous dit, est celle des forêts vierges, des chaudes et humides vallées du bassin amazonique où la végétation offre toute la vigueur et la variété qu'elle présente ordinairement sous le ciel des tropiques. C'est dans la Montaña que l'industrie agricole pourrait prendre un développement sans limite, s'il existait des voies de communication, faciles et économiques, pour l'exportation de ses produits qui peuvent être aussi abondants que variés.

La région de la Montaña est sillonnée, dans tous les sens, par de grands fleuves navigables qui forment un vaste réseau de canaux naturels dont toutes les eaux sont tributaires de l'océan Atlantique, par l'intermédiaire de l'Amazone. C'est dans ces régions que la féconde nature semble avoir établi le laboratoire au milieu duquel elle exerce son incessante activité à produire et détruire les êtres organisés, grâce au concours d'une atmosphère constamment chargée d'humidité, d'une température rélativement élevée et d'un sol vierge et riche en éléments de fertilité.

Les productions agricoles de la Montaña sont aussi variées et abondantes que faciles à obtenir. La végétation n'y est soumise à aucune période de repos, et le cultivateur n'a qu'à déboiser et semer pour obtenir, en très-peu de temps, une récolte abondante.

Parmi les plantes cultivées dans cette région nous citerons d'abord le Platano ou Bananier (*Musa paradisiaca*), dont les fruits sont pour les habitants de la Montaña un objet de première nécessité, attendu qu'ils leur tiennent lieu de pain et servent également à l'alimentation de leurs animaux domestiques. Ils en retirent même une boisson alcoolique, par la fermentation. Un grand nombre de variétés de cet utile végétal sont cultivées dans la Montaña. Une autre plante dont la culture est très-généralisée dans la Montaña et qui est aussi indispensable que le bananier à la vie des habitants, tant sauvages que civilisés de cette région, est la Yuca (*Manihot palmata*). Au lieu de pain, ils mangent sa racine féculeuse, bouillie dans l'eau ou rôtie sur la braise et s'en servent également pour préparer une boisson alcoolique dont ils font un grand usage sous le nom de Masato.

La yuca sert également, dans la Montaña, à préparer une espèce de pâte sèche qui, dans la province de Loretto, porte le nom brésilien de *fariña*. Pour obtenir la fariña, on rape la yuca et on la met sur une espèce de claie ou natte, qui sert à la presser quand on l'étire longitudinalement et à la dépouiller plus ou moins des liquides dont elle est imprégnée. La partie solide est grillée légèrement dans des chaudières et se conserve ainsi sous cette forme pour les besoins ultérieurs.

La yuca, que l'on cultive également sur toute la côte du Pérou, peut être récoltée, dans la montaña, après six mois de plantation, ce qui permet aux sauvages qui ne veulent pas se donner la peine de déboiser la forêt, de semer cette plante sur le bord des fleuves quand, après la saison des pluies, l'eau se retire, pouvant ainsi en faire la récolte avant les nouvelles crues.

La canne à sucre est également cultivée très-fréquemment dans la Montaña, non pas au point de vue de l'extraction du sucre, dont l'usage est presque nul dans cette région, mais bien en vue de distiller son jus pour en retirer de l'eau-de-vie, dont les Indiens font une incroyable consommation. Le climat de la Montaña convient admirablement à la canne à sucre qui, une fois plantée, donne une série illimitée de récoltes successives sans qu'il soit nécessaire de renouveler la plantation.

Son développement est fort rapide et, sur beaucoup de points, il n'est pas rare de la voir atteindre l'époque de la maturité après sept ou huit mois de plantation.

On cultive également dans la Montaña le riz, qui donne en cinq ou six mois d'abondantes récoltes. Après la coupe, il n'est pas rare de voir la plante pousser de nouvelles tiges et donner une seconde récolte presque aussi abondante que la première. Le maïs fait aussi partie des plantes cultivées dans la Montaña. Il croît rapidement et peut être récolté après quatre ou cinq mois de semis. Ses rendements sont considérables et, au Chanchamayo, on les estime de 1.200 à 1.400 pour un, chaque tige produisant régulièrement deux épis de 600 à 700 grains chacun.

La trop grande humidité de la Montaña ne convient pas à la culture du blé, qui y est atteint d'une maladie désignée sous le nom de *polvillo* et qui est sans doute une variété du *charbon*.

Outre ces plantes de première nécessité pour l'alimentation, on cultive également dans la Montaña le Camote (*Batata edulis*) divers légumes et spécialement les haricots, qui s'y développent et mûrissent leur fruit en quarante jours, divers fruits de la côte, la Granadilla (*Passiflora ligularis*), la Chirimolla (*Ananas Cherimolla*), la Papaya (*Carica, Vasconcella*), la Palta (*Persea gratissima*), les *Citrus aurantium, limonium, limetta*; plusieurs légumineuses connues sous le nom générique de Pacay (*Inga reticulata, vera, insignis, fastuosa*, etc.), du fruit desquelles on mange la pulpe sucrée ; les Lucumo (*Lucuma obovata*), le Marañon ou Anacarde (*Anacardium occidentale*); plusieurs espèces de prunes (*Bunchosia armeniaca*), de cerises (*Malpighia setosa*) un grand nombre d'Aji différents (*Capsicum*), le condiment indispensable de la cuisine péruvienne; des Piñas ou Ananas (*Bromelia Ananas*), dont les fruits acquièrent des dimensions colossales et arrivent à peser dix-huit livres.

On cultive également des plantes qui peuvent donner d'importants résultats au point de vue de l'exportation de leurs produits. Parmi ces plantes citons la Coca (*Erythroxylon Coca*), qui donne une feuille excitante dont la mastication est chère aux indigènes. On a écrit et disserté suffisamment sur la coca du Pérou pour que nous nous croyions dispensé d'entrer dans des détails sur ses propriétés excitantes. Les feuilles de la coca, préalablement séchées, se mâchent mêlées avec une substance appelée *llipta* à *toccra*, qui n'est que de la chaux ou les cendres de plusieurs plantes comme le *Chenopodium Quinoa*, le *Cactus Peruvianus*, etc., par exemple. Bien que les Indiens du Pérou qui mâchent la coca puissent rester deux ou trois jours sans prendre d'aliments, tout en voyageant, il n'en est pas moins vrai que la coca n'est pas alimentaire. Elle peut soutenir les forces, faire oublier la faim comme le font plusieurs excitants du système nerveux, mais rien de plus.

La coca est, en effet, un excitant et non un aliment. A dose modérée elle produit une excitation physique et intellectuelle qui dans certains cas la fait préférer au café. A forte dose elle produit un état particulier d'ivresse, décrit, avec beaucoup d'enthousiasme, sous le nom *d'ivresse cocaline* par le docteur Montegazza. De même que pour l'alcool, le tabac et l'opium, l'usage de la coca, à hautes doses, ne saurait être continué longtemps impunément. Avec le temps, il affaiblit les facultés intellectuelles et l'énergie vitale, en même temps qu'il détermine un marasme général, une véritable cachexie cocaline, qui amène plus ou moins rapidement la mort.

Le tabac donne aussi de bons résultats dans la région de la Montaña. On le cultive surtout à Chanchamayo, Pozuzo et sur les rives du Huallaga, depuis Tingo Maria jusqu'à Pachiza. Les produits de cette culture trouvent une vente facile dans les départements voisins, ou bien sont exportés au Brésil par voie fluviale.

Le coton (*Gossypium Peruvianum*) croît presque à l'état sauvage autour de toutes les maisons. Avec ses filaments soyeux, chacun prépare les tissus dont il a besoin. On en fait aussi une espèce de toile appelée *tocuyo*, et qui sert comme matière d'échange, dans certaines provinces.

Le café est l'une des plantes qui s'accommodent le mieux du climat de la Montaña. Il y donne des rendements considérables et ses graines, bien préparées, possèdent un arôme des plus délicats. Les cafés des yungas (c'est ainsi qu'on désigne quelquefois les vallées chaudes de la Montaña), principalement ceux de Vitoc, sont bien connus des amateurs.

Le cacao (*Theobroma Cacao*) non-seulement est cultivé dans la Montaña, mais encore, croît spontanément dans un grand nombre de vallées d'où il est originaire. Il en est de même de la vanille (*Vanilia planifolia*) dont la culture peut donner d'excellents résultats dans les chaudes et humides vallées de la Montaña.

Nous citerons également, parmi les plantes que l'on cultive, en même temps qu'elles croissent à l'état sauvage, dans la Montaña, le bombonage ou Jipijapa (*Carludovica palmata*), cyclanthée qui fournit la paille employée dans la fabrication des chapeaux de jipijapa, dits de Guayaquil en Amérique, et de Panama en Europe, ainsi que de porte-cigares, très-estimés en Amérique, et divers autres objets de luxe. Pour préparer cette paille, au Pérou, on se sert des feuilles non encore ouvertes et par conséquent qui ne sont pas colorées en vert par la chlorophylle. Avec l'ongle du pouce de la main droite, on les divise en lanières étroites qui restent fixées par leur base au pétiole de la feuille. Ainsi préparée, cette feuille est plongée, durant quelques minutes, dans un récipient rempli d'eau en ébullition et immédiatement dans un second récipient qui contient de l'eau tiède, acidulée avec un peu de jus de citron ou d'orange aigre. Après avoir séjourné pendant quelques instants dans ce second récipient, on porte la feuille dans un troisième vase rempli d'eau froide et, finalement, on la sort et on la fait sécher. Ainsi préparée la paille est plus blanche et en outre les bords des lanières s'enroulent sur eux-mêmes ce qui fait prendre à la paille une forme cylindrique qui augmente beaucoup sa résistance.

Enfin nous terminerons cette liste des plantes cultivées dans la Montaña en signalant le Pischanyo (*Guillelma speciosa*), élégant palmier à stippe épineux dont les fruits sont des drupes charnues que l'on mange après les avoir fait cuire. Il en est de même des fruits de l'Aguage (*Mauritia flexuosa*), palmier dont le tronc fournit en outre une sève sucrée fermentescible et, la moëlle, une espèce de farine alimentaire analogue au sagou.

Le Tutumo (*Crescentia Cujete*) donne des fruits qui servent à faire des vases divers, qui constituent la vaisselle que l'on emploie dans les usages domestiques. On cultive également l'Arbre à pain (*Artocarpus incisa*), dont les fruits agrégés sont formés d'une pulpe farineuse qui se mange, cuite au four. Les graines, qui ont le volume d'une châtaigne, sont également comestibles. L'*Achote* ou Rocou (*Bixa Orellana*) est aussi l'un des éléments indispensables de la cuisine indigène. On l'emploie pour colorer les mets, tant dans la Montaña que sur la côte. Les sauvages s'en servent également pour se peindre la figure en rouge et inspirer, ainsi, plus de crainte à leurs ennemis.

Tous ces produits de la Montaña, faute de voies de communication faciles et économiques, sont de consommation purement locale, à l'exception du café, du cacao, du tabac, de la coca et de la vanille, qui s'exportent, soit sur la côte du Pacifique, soit, par la voie fluviale, et pour les produits seulement de la province de Loreto, sur celle de l'Atlantique.

QUATRIÈME PARTIE

CHAPITRE VIII

CULTURE DE LA CANNE A SUCRE

Par suite du climat tout particulier de la côte du Pérou, seule région où la canne à sucre soit cultivée en grand, au point de vue de l'extraction industrielle du sucre, les soins de culture que l'on donne à cette plante sont quelquefois différents de ceux qu'elle reçoit dans divers autres pays sucriers ; pour cette raison nous dirons quelques mots sur le mode général de culture auquel est soumise au Pérou l'intéressante graminée saccharifère.

Le sol de la côte du Pérou, où l'on cultive la canne, est constitué par des alluvions récentes qui reposent sur un lit de sable et de cailloux roulés.

La couche de terre arable est très-puissante : elle mesure souvent deux mètres et quelquefois plus, mais presque toujours elle est supérieure aux besoins de la culture de la canne,

Quant au climat, nous en avons parlé déjà plus haut assez longuement pour nous dispenser de revenir sur ce point : son caractère dominant est l'absence de pluies abondantes, qui oblige l'agriculture à ne compter que sur les eaux d'irrigation.

Les bras qu'emploie l'industrie sucrière au Pérou, sont des bras mercenaires embauchés sur les côtes de l'Asie. On estime que pour l'exploitation d'une hacienda qui plante 500 hectares de canne à sucre, il faut de 400 à 500 Chinois et, environ, 150 paires de bœufs, et 100 chevaux ou mulets.

Le terrain où l'on cultive la canne, est généralement divisé en carrés ou rectangles de 100 mètres de côté environ, c'est-à-dire dont la surface est à peu près 1 hectare. Ces carrés reçoivent le nom de *canniers* (*cañaverales*). Ils sont séparés par des chemins qui mesurent, les plus grands, de 10 à 12 mètres de large, et les plus étroits de 6 à 8 mètres. Les premiers sont les grandes artères qui servent à établir la communication de toutes les parties de l'exploitation avec l'usine. Outre ces chemins, la plupart des grandes haciendas possèdent des lignes ferrées qui les sillonnent et le plus souvent se ramifient avec les lignes de l'État.

La préparation du sol est l'objet de tous les soins des planteurs de cannes. Ils s'efforcent de le dépouiller des mauvaises herbes et de l'ameublir le plus possible, par des labours profonds et répétés. Il en est de la canne à sucre comme de toutes les autres plantes : de la bonne préparation du sol dépend, en partie, le succès de la récolte. Les bons labours ont toujours été et seront toujours l'un des plus puissants éléments de réussite, pour n'importe quelle culture.

Dans la plupart des haciendas de la côte du Pacifique les labours s'effectuent à l'aide de charrues tirées par des bœufs ; celles que l'on emploie le plus fréquemment, sont les charrues dites anglaises et américaines. Quelques haciendas, les plus grandes, possèdent des machines de labourage à la vapeur et en obtiennent généralement de bons résultats. Il serait à désirer que ces machines se répandissent davantage au Pérou, ainsi que tous les autres appareils perfectionnés du matériel agricole.

Quand le sol a reçu cinq ou six labours, dans toutes les directions, on le fait parcourir par une file d'ouvriers armés d'une espèce de marteau de bois à long manche, lesquels brisent les grosses mottes et achèvent d'ameublir le terrain ; une seconde file suit la première et recueille les pierres, quand il y en a, ainsi que les mauvaises herbes et les racines des cannes d'une plantation précédente. Ces débris végétaux, mis en tas et séchés, sont généralement brûlés et leurs cendres sont répandues sur le sol, qui est désormais prêt pour la plantation.

Pour effectuer cette plantation, on commence par tracer sur le terrain des sillons d'environ 25 centimètres de profondeur et séparés les uns des autres par une distance qui varie de 1 mètre à 1m, 50, selon la nature du terrain. La direction que l'on donne à ces sillons n'est pas fixe et uniforme pour toutes les haciendas. On consulte avant tout, le mouvement de l'eau d'irrigation dans la propriété que l'on exploite, évitant autant les directions trop inclinées que celles qui le sont trop peu ; car dans le premier cas la rapidité du courant de l'eau d'irrigation ne permettrait pas à cette opération de s'exécuter dans de bonnes conditions et déterminerait, en outre, des transports de terrain nuisibles à la culture ; dans le second, l'irrigation deviendrait difficile et ne serait pas uniforme : certains points du cannier seraient couverts de flaques d'eau, tandis que d'autres resteraient complètement secs.

Pour tracer les sillons dans lesquels on déposera les boutures qui servent de plants, on commence par ouvrir un sillon peu profond avec la charrue dite du pays. Ensuite on passe dans ce sillon une charrue à deux versants, deux fois et en sens contraire, puis une autre charrue à deux versants plus écartés que ceux de la précédente et dite de *cajon* qui termine le sillon. Souvent, néanmoins, on fait suivre cette dernière charrue d'une petite charrue fouilleuse dans le but d'ameublir au fond du sillon, la terre endurcie par le passage de la charrue précédente.

On s'occupe alors de préparer la *semence* qui est fournie par des cannes mûres coupées en fragments de 40 à 50 centimètres de long. Le fragment qui correspond aux bourgeons terminaux de la canne est employé également comme semence, et même, lorsque la plantation correspond à la mouture, on recueille les extrémités des cannes que l'on coupe pour les conduire au moulin, et on les emploie comme bouture après les avoir débarrassées de leurs feuilles. Chaque bouture de canne est coupée de manière à rester pourvue de cinq ou six yeux. Cette longueur varie selon la nature de la canne et l'état des bourgeons que portent ces nœuds.

Les cannes, déposées dans les chemins qui avoisinent le champ à planter, sont divisées en fragments ainsi que nous venons de le dire, et les fragments sont pris par des ouvriers qui les distribuent dans les sillons où ils doivent être déposés. D'autres ouvriers suivent les premiers et, mettant chaque bouture en place, achèvent la plantation. Les boutures ne sont pas posées horizontalement, au fond du sillon, mais bien un peu inclinées de manière à former avec l'horizontale un angle de 20° environ. Le planteur saisit la bouture et enfonce l'une de ses extrémités dans le sol ameubli par la petite charrue fouilleuse dont nous avons parlé, en ayant soin que cette extrémité, qui sera enterrée plus profondément, soit celle qui est la plus voisine de la prise d'eau pour l'irrigation, de manière que la première irrigation couvre de terre la bouture qu'elle aurait infailliblement découverte si elle eût été placée en sens contraire. Le planteur prend également soin que la bouture soit dans une situation telle que ses yeux ou bourgeons alternes et distiques soient placés latéralement, et non les uns en dessus et les autres en dessous, situation qui serait des plus défavorables au développement des bourgeons situés entre le sol et la bouture. Une fois la bouture plantée, l'ouvrier la couvre à l'aide de terre, qu'avec ses mains il prend sur les bords du sillon. Cette couche de terre doit être peu épaisse, surtout si le sol est un peu humide, car les bourgeons tarderaient trop à se développer et finiraient par pourrir. On arrose ensuite la canne avec soin et un ouvrier suit tous les sillons pour s'assurer que le mouvement de l'eau n'a pas découvert quelques boutures, auquel cas il les recouvre.

Le temps que mettent les bourgeons de la canne à se développer et à sortir du sol varie considérablement selon l'épaisseur de la couche de terre qui les recouvre et selon que cette couche s'oppose plus ou moins au libre accès de l'air. La durée de la *germination* de la canne varie également avec la nature du sol, et surtout avec l'époque de la plantation. Bien que sur la côte du Pérou, en effet, l'hiver soit peu rigoureux, ainsi que nous avons eu l'occasion de le dire plus haut, il n'en est pas moins vrai que durant cette saison, il y a réellement une paralysation notable dans l'activité de la végétation, au moins pour certaines plantes, plus ou moins acclimatées. La canne plantée hors saison, comme de mai à octobre, pour la côte du Pérou, a besoin pour développer ses bourgeons, d'un temps incomparablement plus considérable que celle qui est plantée à l'époque des chaleurs, c'est-à-dire de novembre à avril, époque que les agriculteurs préfèrent pour exécuter leurs plantations. Il est néanmoins possible de planter à toute époque de l'année, si la direction générale des travaux de l'exploitation l'exige ainsi.

Le mode que la canne suit pour développer ses bourgeons et pour multiplier ses tiges (*ahijar* ou *macollar*) n'est pas sans offrir quelque intérêt au point de vue de la culture, et principalement de l'opération du buttage. Si l'on considère la tige qui a fourni la bouture comme un axe primaire, on voit les bourgeons qu'elle porte, ou axes secondaires, s'allonger progressivement, en se dirigeant vers le ciel, jusqu'à traverser complétement la couche de terre qui les recouvre et les sépare du contact immédiat de l'atmosphère. Chacun de ces axes secondaires formera une tige dont la partie souterraine émettra des racines adventives destinées, désormais, à l'absorption des substances que la plante demande au sol pour se développer. Avant l'apparition de ces racines des axes secondaires, la bouture, ou axe primaire, en avait émis un grand nombre sous forme de filaments minces, naissant de la périphérie de chacun de ses nœuds, et dont le rôle passager est de puiser dans le sol l'humidité nécessaire à la bouture pour que les éléments nutritifs, qu'une végétation antérieure avait emmagasinés dans ses tissus, puissent être absorbés par les bourgeons et favoriser ainsi leur développement. Les bourgeons s'alimentent ainsi jusqu'à ce qu'ils puissent prendre dans le sol par leurs propres racines adventives et dans l'atmosphère par leurs feuilles, les éléments nécessaires à leur nutrition et développement.

A la base des axes secondaires qui naissent de la bouture, on peut noter une série de nœuds, très-rapprochés, et pourvus, à l'aisselle de leurs feuilles, de bourgeons qui se développent presque simultanément. Il résulte de là que, si l'on examine l'un des bourgeons d'une bouture de canne plantée depuis quelque temps, on voit sortir du centre du bourgeon un axe que nous pourrons appeler de première génération et qui porte à sa base une série d'axes latéraux de seconde génération, d'autant plus développés qu'ils sont plus périphériques, c'est-à-dire, plus âgés, ou, ce qui revient au même, qu'ils sont situés plus bas sur l'axe central dont ils sont issus.

Chacun de ces axes de seconde génération au nombre de 6 ou de 8 se trouve dans les mêmes conditions que l'axe de première génération qui les a produits, et, bientôt, on voit apparaître à leur base des racines adventives et une série de nœuds très-rapprochés et accompagnés de bourgeons dont le développement donne des axes de troisième génération au nombre de 6 à 8 pour chacun d'eux.

Un seul bourgeon de la bouture pourrait donc donner naissance à un nombre de tiges qui varie de 43 à 73, et comme la bouture porte au moins 5 ou 6 yeux, il en résulte que le nombre des tiges d'une touffe de canne pourrait passer 200 et même 300. Mais dans la pratique il n'en est jamais ainsi. Il arrive souvent que plusieurs bourgeons de la bouture avortent ou pourrissent et, en outre, les axes de troisième génération qui, avec des soins spéciaux de buttage pourraient se développer tous, ne se développent qu'en petit nombre, ou pas du tout.

Dans un grand nombre d'exploitations et notamment dans celles du nord de la côte qui possèdent un terrain et un climat plus appropriés à la culture de la canne que celles du sud, les soins de culture s'arrêtent là, et il n'y a plus qu'à donner de l'eau à la canne chaque fois que le besoin s'en fait sentir, tous les quinze jours ou tous les mois par exemple.

Dans d'autres exploitations, quand la canne a atteint à peu près 1 mètre de hauteur, on la butte à la charrue. Le joug des bœufs offre des dimensions telles que, la charrue passant entre deux sillons, les animaux cheminent entre les deux plus voisins à droite et à gauche du laboureur. Nous ne saurions dire jusqu'à quel point cette opération est utile et ce n'est pas ici le lieu d'entrer dans les considérations qui nous la font, dans beaucoup de cas, considérer comme superflue, sinon comme nuisible, au moins quand on la pratique comme on le fait sur certains points de la côte du Pacifique. Il nous a été donné de voir de la canne qui n'était buttée qu'après la première coupe, d'autre qui avait quatre ou cinq ans et même dix ans et qui n'avait jamais été buttée, et cependant ces cannes avaient donné constamment et promettaient de donner encore d'abondantes récoltes.

Le nombre des arrosages que l'on donne à la canne varie énormément selon la nature du sol et selon la quantité d'eau dont on dispose pour l'irrigation. De toute manière, lorsque la canne a pris presque tout son développement, on lui retire l'eau complétement afin de lui permettre d'arriver plus facilement à maturité, c'est-à-dire en état d'être coupée avantageusement. L'époque à laquelle on cesse d'irriguer varie également avec la nature des terrains. Dans les terrains élevés et secs elle est plus tardive que pour les sols bas et humides comme il est facile de le comprendre. On peut dire d'une manière générale, qu'on cesse d'irriguer de trois à six mois avant la coupe.

La coupe de la canne s'effectue à l'aide d'une serpe longue et mince appelée *Machete*. La canne, dépouillée de ses feuilles et de ses bourgeons terminaux, est conduite au moulin à dos d'animaux, sur des charrettes, ou à l'aide de wagons. Nous ne pensons pas utile d'entrer ici dans les détails de la fabrication du sucre au Pérou, fabrication qui est, plus ou moins, analogue à celle de tous les autres pays sucriers.

CINQUIÈME PARTIE

LE MOUVEMENT AGRICOLE

DANS SES RAPPORTS AVEC L'AGRONOMIE MODERNE

CHAPITRE IX

VŒUX QUE FORME L'AGRICULTURE

Nous ne possédons que bien peu de données sur l'économie rurale du Pérou, et nous avons eu le regret de voir nos efforts, pour nous en procurer, venir échouer contre des difficultés de tous genres qui, pour le moment, sont presque insurmontables. Il nous est, par conséquent, assez difficile de préciser quelle influence a pu exercer sur le mouvement agricole du Pérou l'application des données de l'agronomie moderne et de la chimie à l'exploitation du sol et du bétail, aux engrais et aux industries annexes de la ferme.

L'agriculture péruvienne se trouve dans des circonstances toutes particulières qu'elle a cru, jusqu'à ce jour, capables de lui permettre une assez grande indépendance, quant aux applications de la science moderne à la culture du sol.

La fertilité naturelle de la terre qu'elle exploite et le climat exceptionnel sous lequel elle exerce son activité lui ont permis de vivre dans une douce quiétude à l'endroit des améliorations à apporter dans ses travaux de culture : elle a suivi paisiblement l'ornière si commode et si attrayante, paraît-il, de la routine.

Bien des fois, depuis quelques années, nous nous sommes efforcé de faire voir aux agriculteurs péruviens tous les profits qu'ils pouvaient espérer de l'application des données que l'agronomie moderne met à leur disposition ; nous leur avons parlé souvent des découvertes de la science et des conquêtes de la pratique expérimentale ; nous leur avons dit tout ce que pouvaient faire la chimie appliquée à l'exploitation du sol, la physiologie à l'éducation des plantes et des animaux, la mécanique tant à la culture elle-même, qu'aux diverses industries qui lui sont annexées ; nous leur avons répété, à maintes reprises, qu'il n'y a pas de sols qui ne puissent être améliorés, pas d'animaux domestiques qui ne soient susceptibles de perfectionnement.

On nous a écouté avec complaisance, nous le reconnaissons, et avec l'indulgence dont nous avions besoin, — la politesse et l'urbanité formant le fond du caractère péruvien; — on n'a jamais dit que nous errions, au contraire, on a souvent approuvé notre manière de voir; on n'a pas nié que l'agriculture du pays fût susceptible d'importantes réformes, on a même été jusqu'à indiquer quelques-unes de ces réformes; loin de dire que l'avenir de l'agriculture péruvienne était sans nuages, on a signalé des points noirs à son horizon, et qui plus est, des points noirs en train de grossir..... Eh bien! qu'a-t-on fait pour mettre à profit les données de l'agronomie moderne, les découvertes de la science, les conquêtes de l'expérience, les conseils de la chimie, de la physiologie et de la mécanique appliquées à l'agriculture? Qu'a-t-on fait pour améliorer le sol exploité, perfectionner les races d'animaux domestiques et rendre les travaux des champs plus économiques et plus féconds? Rien! rien ou presque rien. L'heure n'a pas encore sonné, paraît-il!

Sans doute, nous ne voulons pas dire que la question agricole dans ses relations avec la science, question que nous sommes fier d'avoir soulevée, pour la première fois, au Pérou, n'ait pas fait de progrès depuis quelques années. Elle en a fait assurément, mais pas assez pour nous permettre d'entrevoir le moment de sa solution.

Toutefois, s'il ne nous est pas encore donné de prévoir ce moment, nous avons entièrement confiance en son arrivée. La nouvelle voie dans laquelle est entré le Pérou depuis quelques années, et le caractère de progrès incessant qu'il imprime à ses institutions, nous sont un sûr garant de ce que nous avançons. Un peu plus tôt, un peu plus tard, ce pays entrera, au point de vue du mouvement agricole, dans la voie que lui ont tracée un grand nombre de pays plus anciens que lui, et dont les progrès en agronomie sont nés directement de besoins qui, jusqu'à ce jour, ne s'étaient pas fait sentir au Pérou.

Il est également bien difficile, au point où en est l'agriculture péruvienne, de discerner quelles sont ses tendances les plus accentuées, les vœux qu'elle forme dans ses publications les plus répandues, les satisfactions qu'elle a reçues, les solutions qu'elle poursuit. L'agriculture du Pérou manque de tous les éléments qui, chez les peuples dont l'existence autonomique est plus ancienne que ne l'est celle des Péruviens, la protégent et la développent en veillant sur ses intérêts et en la guidant dans ses efforts à travers le chemin qui conduit au progrès. Sans doute l'agriculture péruvienne depuis un demi-siècle a parcouru une longue étape sur ce chemin, mais il lui en reste à faire plusieurs autres non moins importantes pour arriver au niveau qu'a atteint l'agriculture de plusieurs autres nations du Nouveau Monde et de presque toutes celles de l'Ancien.

Sa tâche est facile, car enfin si elle ne peut pas, en tout, imiter les allures de l'agriculture des nations européennes, à cause du milieu particulier dans lequel elle exerce son activité, elle peut néanmoins emprunter à la science de l'ancien monde ses méthodes d'expérimentation et d'investigation, qu'elle n'aura qu'à modifier légèrement selon ses besoins propres, selon les circonstances exceptionnelles du climat duquel elle dépend et selon les résultats qu'elle désire obtenir. Il ne semble pas douteux que la science agricole ne puisse venir au Pérou toute faite de l'Europe : les cultures spéciales qui sont l'objet de l'agriculture péruvienne et les circonstances tout exceptionnelles du climat de la Costa, seule région où l'industrie agricole ait pris un grand développement, exigent, impérieusement, que cette industrie entre pour son propre compte, dans la voie des études agronomiques, en prenant pour base de ses investigations les données acquises à l'agriculture européenne et en suivant pour ses recherches la marche et les méthodes suivies par la science agricole de l'ancien continent. Les résultats qu'elle obtiendra offriront sans doute beaucoup d'analogie avec ceux qu'a obtenus l'agronomie dans les divers pays où cette science s'est développée; mais l'interprétation de ces résultats et les conséquences pratiques qui en découleront devront certainement être propres au Pérou même et aux circonstances particulières au milieu desquelles l'industrie agricole y est placée. Vouloir tirer toutes prêtes, des livres qui se publient en Europe, les notions de science agronomique dont a besoin l'agriculture péruvienne, nous a toujours paru, sinon une folie, au moins une chimère ; et voilà pourquoi nous avons passé plusieurs années à demander sur tout les tons, et dans toutes les occasions possibles, que l'agriculture péruvienne entrât résolûment, et par elle-même, dans la voie du progrès, en établissant, sur une base large et solide, l'enseignement agricole et les systèmes d'expérimentation et de recherches scientifiques qui ont donné de si brillants résultats, partout où ils ont été mis en pratique. L'enseignement agricole sous toutes ses formes, depuis l'élémentaire jusqu'au supérieur, telle est la nouvelle donnée que les Péruviens ont à faire entrer dans l'équation qui doit résoudre parmi eux le problème du progrès agricole ; problème, soit dit en passant, auquel, selon nous, se rattachent beaucoup d'autres questions qui intéressent au plus haut point le bien-être matériel et l'avenir économique du pays tout entier.

Malheureusement, la tâche que nous avons entreprise est bien ingrate, d'autant plus ingrate que le terrain, que nous nous efforçons de fertiliser, n'est pas préparé du tout. Il faut avoir vécu au Pérou pour savoir toutes les difficultés que l'on éprouve à faire triompher une idée dans ce pays, quand cette idée attaque ce cruel et implacable ennemi du progrès que l'on appelle communément la routine. La routine agricole, expulsée de presque tous les pays civilisés, semble avoir trouvé un refuge inviolable au Pérou. Ce pâle hôte règne ici en maître presque absolu. Bien fou qui ose attaquer le culte de cette idole vénérée, sur les autels de laquelle on prodigue un encens, il est vrai, bien inodore, mais dont la fumée est d'autant plus enivrante qu'elle se concentre dans les couches les plus inférieures de l'atmosphère intellectuelle, couches, qui, au Pérou comme ailleurs, sont généralement les plus peuplées et celles au milieu desquelles la lumière pénètre le plus difficilement.

Sur la côte, l'agriculture, ainsi que nous l'avons dit, tend, dep quelques années, à abandonner la petite culture et l'élevage des animaux, élevage qu'elle exerçait, il est vrai, sur une bien petite échell pour se dédier exclusivement aux cultures industrielles et plus spécialement à celle du coton et de la canne à sucre. Cette tendance de l'agriculture de la côte du Pérou, à mesure qu'elle s'est accentuée davantage, a déterminé une hausse très-sensible dans les produits alimentaires qui approvisionnent le marché des consommations sur lequel la cherté des vivres est manifeste. Il n'en pouvait pas être autrement : la valeur des produits agricoles qui forme la base de l'alimentation humaine est déterminée en général par les frais de production de ces produits. Or, depuis que l'agriculture péruvienne est entrée dans la nouvelle voie que nous signalons, la rente du sol, le prix des salaires et l'interêt du capital ont constamment augmenté, déterminant ainsi une augmentation corélative dans la valeur des produits et par suite leur cherté.

Il est bon de dire aussi que cette cherté depend également de ce que le sol cultivable, dans la région de la Costa, est limité par suite du manque d'eau et du manque de capitaux et de bras nécessaires pour approprier à la culture beaucoup de terrains marécageux ou de terrains salés, et pour amener de l'eau d'irrigation au milieu de ceux, qui n'en ont pas. Le caractère limité de la base de la production agricole, joint à une augmentation de population, sur certains points, et, partout à une augmentation de la consommation par suite de l'amélioration considérable qui s'est produite dans le bien-être matériel des masses, a aussi joué son rôle dans les phénomènes économiques que nous signalons.

Mais c'est surtout l'abandon de la culture, en vue de l'alimentation, pour la culture industrielle qui a fait augmenter le prix des produits. Les légumes, les céréales, les fourrages, etc., ont disparu peu à peu devant l'invasion du coton et de la canne à sucre, surtout autour des grands centres ; et, comme le manque de voies faciles de communication ne permet pas l'approvisionnement économique des marchés, il en résulte naturellement que l'offre ne peut pas satisfaire à la demande, que la lutte n'est pas possible entre l'acheteur et le vendeur, et, par conséquent, que les prix haussent, comme il arrive sur tous les marchés qui se trouvent en pareilles circonstances.

Il y a réellement, sur la côte du Pérou, insuffisance de la production agricole, par suite de l'insuffisance de chacun de ses éléments : terre, capital et travail. Les vœux de l'agriculture se dirigent naturellement vers l'augmentatton de cette production ; mais, malheureusement, les agriculteurs sont loin de faire tous les efforts qu'il conviendrait qu'ils fissent, pour arriver à ce résultat. Nous l'avons dit déjà, l'esprit d'association, l'esprit de corps n'existe pas encore suffisamment parmi les cultivateurs péruviens. Ils s'unissent bien quelquefois pour réclamer certaines réformes, certaines améliorations qui, le plus souvent, n'intéressent qu'un petit nombre d'entre eux, mais quant à entrer dans la voie des réformes radicales et des améliorations réelles, ils n'y songent généralement guère.

Sans doute l'agriculture péruvienne fait des vœux pour augmenter sa production. Elle réclame, à chaque instant, du gouvernement, par l'organe de ses représentants aux chambres législatives, l'exécution de travaux d'irrigation et d'aménagement des eaux; la construction de voies de communication; l'augmentation des moyens de garantir la propriété et la sécurité, la justice et la liberté; l'appel de bras agricoles dont le manque se fait sentir chaque jour davantage et constitue l'un des points les plus obscurs de son horizon. Mais, malheureusement, l'État après avoir été, durant de longues années, un père trop débonnaire, sans songer que son intervention dans la sphère du travail était plus nuisible qu'utile, est forcé, aujourd'hui, par l'épuisement de son trésor, d'être quelque peu marâtre et de faire sourde oreille aux réclamations de ses administrés.

Les agriculteurs persistent cependant à tout attendre du gouvernement, sans songer que l'État est dans la plus parfaite impossibilité de suivre de nouveau les voies du passé. Et, pendant ce temps-là, l'agriculture reste stationnaire; les améliorations qu'elle réclame ne se font pas et chaque jour elle s'approche des bords escarpés du précipice où elle disparaîtrait fatalement, si l'état des choses actuel continuait encore pendant quelques années.

L'unique publication agricole du Pérou n'a pas cessé un seul instant, durant les quelques années d'existence qu'elle compte, de signaler le chemin vicieux et périlleux sur lequel est engagée l'agriculture du pays. Elle s'est efforcée, surtout, de demander l'association des agriculteurs en vue de protéger leur industrie et de l'améliorer en la faisant profiter des découvertes de la science et des conquêtes de la pratique agricole moderne. Elle a cherché par tous les moyens à leur montrer les bénéfices qu'ils pourraient retirer de l'union de leurs efforts en vue de l'intérêt commun; elle leur a dit mille fois que c'était à eux de prendre l'initiative des réformes et des améliorations; que la solution du problème agricole, qui les intéresse à un si haut degré, était facile s'ils s'unissaient tous pour la poursuivre; qu'ils ne devaient attendre du gouvernement que ce qu'en justice, et raisonnablement, il pouvait leur accorder; que la situation du trésor ne permettait pas à l'État d'entreprendre les réformes nécessaires, réformes dont profitait plus spécialement un groupe réduit de citoyens au détriment de la satisfaction des plus impérieuses nécessités du reste de la nation.

Les efforts de la « *Revista de Agricultura* » pour améliorer la situation de l'industrie agricole du Pérou seront-ils couronnés par quelques résultats? Sans en avoir la certitude il est permis de l'espérer. La question agricole, si longtemps négligée, est aujourd'hui à l'ordre du jour. On commence à comprendre que la profession de l'agriculteur est peut-être, de toutes les professions, auxquelles se dédie l'humanité, l'une de celles qui exige la plus grande somme de connaissances spéciales et qui a le plus besoin, non-seulement des faits techniques que fournissent la pratique et l'observation journalière des choses agricoles, mais encore des faits théoriques et scientifiques qu'ont consacrés l'expérimentation directe et la pratique des travaux des champs.

La presse périodique de la capitale s'est déjà emparée de la question. Elle demande que l'agriculture entre sérieusement dans la voie des améliorations et, surtout, que le gouvernement ou les agriculteurs, réunis en société, en vue de protéger les intérêts ruraux, songent à doter le Pérou de l'enseignement agricole qui est appelé à rendre de grands services au point de vue plus général de la situation économique du pays tout entier.

Nous avons, en effet, constaté plus haut l'insuffisance de la production agricole sur la côte du Pérou et nous avons dit que cette insuffisance était due à la rareté ou à la cherté des éléments de la production, la terre, le capital et le travail. Le premier de ces trois éléments, la terre, par suite du grand développement donné à la culture de la canne à sucre est devenue de plus en plus précieuse. On a établi de vastes usines pourvues de machines puissantes, destinées à l'extraction et à la fabrication du sucre. Pour fournir du travail à ces machines, il a fallu cultiver en canne la plus grande superficie possible. Les terrains jusqu'alors improductifs ont été mis en œuvre. On a séché les marais, on à supprimé presque toutes les autres cultures : coton, riz, maïs, légumes, fourrages, etc., et malgré cela il y eut encore demande de sol cultivable et par conséquent hausse de sa valeur. La rente du sol, ainsi que nous l'avons déjà dit, a doublé et même triplé, en certains cas, durant la période des vingt dernières années.

L'établissemeut de l'industrie sucrière au Pérou sur le pied brillant où elle se trouve aujourd'hui a demandé naturellement de grands capitaux. Les établissements spéciaux de crédit agricole qui s'était formés n'ont pas pu faire face à la demande toujours croissante de fonds. La plupart des banques, aussi bien que les capitalistes isolés, sont alors entrés dans le mouvement agricole, et l'intérêt du capital s'est élevé insensiblement de 9 0/0 à 12, 15 et même 18 0/0 durant la période des 25 dernières années. Il est vrai que cette hausse du capital ne reconnaît pas uniquement pour cause le rapide développement de l'industrie agricole car elle a été déterminée aussi par la situation politique, et économique du pays.

Enfin, le grand développement donné aux travaux publics, aux entreprises industrielles et à l'agriculture, a déterminé une hausse considérable des salaires, la demande des bras étant bien supérieure à l'offre. Dès 1854, la manumission des esclaves avait donné le signal de cette hausse, ainsi que nous l'avons dit plus haut. Aujourd'hui, la question des bras pour les travaux des champs constitue, au Pérou, l'une des plus importantes questions qu'ait à résoudre l'industrie agricole.

Ainsi donc, durant la période des 25 dernières années, les frais de la production agricole ont augmenté considérablement, par suite de l'augmentation de valeur de chacun des éléments de cette production.

Quelles doivent être les aspirations de l'agriculture péruvienne, en présence de ce fait? Elle doit, évidemment, chercher à diminuer ses frais de production, ou, ce qui revient au même, à produire davantage avec les mêmes éléments, terre, capital et travail, qu'elle met en œuvre et qu'elle doit s'efforcer de mieux utiliser chaque jour. Elle doit chercher à améliorer toutes les causes matérielles et morales qui influencent ou peuvent influencer les travaux des champs.

Les circonstances physiques du climat et la nature du sol ont, sans doute, une grande influence sur la production agricole, mais combien d'autres causes sont capables de modifier plus ou moins directement cette production ? Ainsi, les connaissances de la science agricole et des meilleures méthodes de culture ; l'emploi des machines et appareils les plus perfectionnés ; de saines notions d'économie politique qui doivent guider l'agriculteur et lui faire apprécier les avantages de la division du travail et de l'association, sont autant de causes dont l'influence sur la production agricole semble être indiscutable. Et, dans un autre ordre d'idées : de sérieuses garanties de la propriété, de la sécurité et de l'ordre public ; l'instruction et les bonnes coutumes morales des populations, la législation et surtout la manière dont se rend la justice ; l'organisation politique, les croyances religieuses, les superstitions et les préjugés de toute sorte, ne sont-ils pas autant de circonstances d'une grande importance dans leur relation avec le phénomène de la production agricole qu'elles influencent, en bien ou en mal, d'une manière considérable ?

L'agriculture péruvienne ne doit pas négliger de se préoccuper de toutes ces considérations, bien que la relation qui existe entre elles et ses propres intérêts paraisse très-indirecte et très-éloignée. Toutes sont sous la dépendance de l'instruction en général et, en particulier, de l'instruction agricole. C'est sur ce point que l'unique publication spéciale consacrée aux intérêts ruraux du Pérou ne cesse d'appeler l'attention des agriculteurs et du gouvernement. Sans le travail, la terre et le capital agricole ne sauraient donner des fruits. L'esprit et l'intelligence de l'homme, qui sont la cause première et le moteur du travail, peuvent donc être considérés comme des instruments de la production agricole, et, en perfectionnant ces instruments, en les rendant plus énergiques et plus féconds, on doit nécessairement perfectionner et rendre plus abondante et plus économique la production. Or, les facultés intellectuelles se perfectionnent par l'instruction, et, comme leur perfectionnement entraîne celui des qualités morales, il en résulte que c'est vers l'instruction, ce puissant levier de la production, de la richesse et de la grandeur des peuples, que l'agriculture péruvienne doit diriger ses vues et ses aspirations, dans le but d'améliorer sa situation, C'est l'instruction, en général, et l'enseignement agricole, en particulier, qui rendront les travaux des champs plus faciles et plus productifs et qui, en augmentant l'habileté des organes matériels du travailleur et en développant ses facultés morales, ainsi que le pouvoir de son intelligence contre l'erreur et la routine, le mettront à même de profiter des connaissances acquises au savoir humain, ainsi que de toutes les découvertes de la science moderne et de toutes les conquêtes qu'a faites, de nos jours, la pratique expérimentale des travaux des champs, connaissances que l'agriculture péruvienne doit aspirer à voir vulgariser le plus tôt possible.

Sans doute, les vœux de l'agriculture péruvienne ne doivent pas limiter à la diffusion des connaissances agricoles sous toutes les form et par tous les moyens possibles ; mais nous pensons que là, au moins, pour le moment, doit être l'objet principal de ses aspirations.

L'agriculteur, dans tous les pays, doit s'efforcer d'améliorer les instruments et les machines qu'il emploie, imitant en cela l'industriel qui perfectionne constamment les outils dont il se sert. Or, quels sont les instruments et les machines de l'agriculteur ? Ce sont évidemment les plantes qu'il cultive et les animaux qu'il élève. La canne à sucre est un admirable instrument pour transformer en sucre les éléments du sol et ceux de l'atmosphère. La luzerne est un excellent outil pour fabriquer, aux dépens des éléments de l'air et du sol, des substances nutritives qui, soumises à l'action d'une autre machine, le bœuf et le mouton, sont transformées en viande, en lait ou en laine, ou seront brûlées par le bœuf ou par le cheval et produiront de la force et du travail.

L'agriculteur doit donc chercher à perfectionner ses instruments et à les rendre plus utiles. Quels résultats surprenants n'a pas obtenus l'agriculture de l'ancien monde dans le perfectionnement des plantes et des animaux. L'agriculture péruvienne n'est pas entrée encore dans cette voie, et nous croyons qu'elle ne peut y entrer qu'en s'appuyant sérieusement sur la science et, spécialement, sur la physiologie appliquée aux études agronomiques.

S'il est vrai que les agriculteurs péruviens doivent s'unir et prendre l'initiative des améliorations que réclame leur industrie, il n'en est pas moins vrai aussi que le gouvernement doit intervenir, autant qu'il lui est possible, dans certaines améliorations, par exemple, dans l'établissement de l'enseignement agricole, enseignement duquel nous nous plaisons à faire dépendre tous les progrès qu'est appelée à faire l'agriculture du Pérou.

Les réformes dont a besoin cette belle industrie ne sont pas de nature à s'implanter d'un coup. Ce n'est pas en un jour ni en une année qu'on changera le *modus operandi* des agriculteurs péruviens. Il faut beaucoup plus de temps que cela pour saper les bases de l'autel sur lequel ils brûlent de l'encens à leur chère déesse, la routine. Les révolutions scientifiques, comme celle que l'enseignement agricole doit amener dans les travaux des champs, aussi bien que les révolutions sociales, doivent être lentes dans leur évolution. Ce n'est pas autant chez les agriculteurs d'aujourd'hui que chez ceux de la génération future que l'enseignement agricole est appelé à produire ses salutaires effets ; aussi estimons-nous qu'il est indispensable que l'administration fasse le plus tôt possible figurer cet enseignement dans le système d'éducation de la jeunesse, système, nous nous plaisons à le reconnaître, qu'elle s'efforce chaque jour d'améliorer.

Il existe, malheureusement, au Pérou, dans certaines classes de la société, et peut-être aussi chez le gouvernement, l'idée essentiellement fausse, selon nous, que l'avenir économique du pays repose plutôt sur le développement de l'industrie minière que sur celui de l'industrie agricole; d'où il résulte que le gouvernement se montre plus disposé à faire des sacrifices en faveur de la première qu'en faveur de la seconde. Loin de nous la pensée de nier que les mines du Pérou aient donné et puissent donner encore de grandes richesses qui peuvent avoir une salutaire influence sur la situation économique du pays. Mais les richesses que procure l'exploitation des mines sont bien différentes de celles que fournit l'exploitation du sol par l'industrie agricole, au moins quant à leur influence sur la situation économique de la nation. Il suffit, pour justifier cette assertion, d'interroger l'histoire de la civilisation et de la richesse des peuples. Les richesses que produit l'industrie minière peuvent être comparées à celles du jeu ou de la loterie; dans les deux cas, elles viennent rapidement, mais généralement elles disparaissent plus rapidement encore. Le dernier coup de pic est comme le dernier coup de dé: le plus souvent il ne vient qu'avec le dernier écu, c'est-à-dire avec l'épuisement complet des trésors que le mineur ou le joueur avait si rapidement amassés.

Les richesses que fournit l'agriculture revêtent un tout autre caractère: elles sont moins rapides, mais elles sont plus durables; c'est l'épargne lente et progressive, mais sûre, quand elle a sa source dans un travail rationnel. Le dernier sillon n'est jamais tracé: le fils reçoit la charrue des mains de son père, pour la céder plus tard à ses propres enfants, et la richesse, lentement et patiemment acquise, suit toujours sa marche progressive et, de père en fils, forme le patrimoine des familles, sans que jamais on ait à craindre une perte totale des trésors amassés, péniblement quelquefois, par plusieurs générations.

Si les chemins de fer du Pérou profitent à l'agriculture des régions qu'ils traversent, il faut reconnaître qu'ils ont été construits surtout au point de vue de l'industrie minière. Récemment encore, c'est au point de vue de cette industrie que le gouvernement péruvien a passé, avec l'entrepreneur Meiggs, un contrat pour l'achèvement de toutes les lignes ferrées et pour le prolongement de celle de Oroya jusqu'au gisement minéral du Cerro de Pasco, où l'on pratiquera une immense galerie souterraine pour le dessèchement des mines de cette région. Nous avons parlé plus haut des sommes immenses englouties dans la construction des chemins de fer, et du dernier contrat qui assure leur achèvement et rend possible l'exploitation des mines du Cerro de Pasco. Que l'on compare aux sommes dépensées pour l'industrie minière celles qui ont été consacrées à l'industrie agricole, et l'on sera certainement convaincu que les divers gouvernements qui se sont succédé au Pérou, durant la période des vingt dernières années, ont eu, pour les mines, une préférence marquée, quant à l'emploi des capitaux dont disposait la nation.

Il ne nous paraît pas douteux que si l'on s'était préoccupé davantage des intérêts agricoles et si l'on avait consacré à leur protection une partie des sommes que l'on a, sans grande réflexion le plus souvent, jetées dans les entreprises les plus aventurées, la situation économique du Pérou serait bien meilleure qu'elle ne l'est aujourd'hui. Moyennant des travaux d'aménagement des eaux et des travaux de conduite de déviation de celles qui ne sont pas utilisées pour l'agriculture, pouvait faire de la côte du Pérou l'un des plus importants pays producteurs de sucre. Il fallait aussi consacrer une somme, bien faible il est vrai (si on la compare avec celles que l'on a dépensées) à l'instruction en général et à l'instruction agricole en particulier, afin que les travaux des champs devinssent plus féconds, par suite du développement de l'intelligence des travailleurs et de la vulgarisation des procédés de culture les plus en harmonie avec les circonstances particulières du pays, et enfin, par suite de l'usage, sur une vaste échelle, des machines et des appareils les plus perfectionnés du matériel agricole moderne.

Il fallait, enfin, songer à utiliser les capitaux immenses dont on disposait alors, en vue d'implanter des établissements de crédit agricole sur une base qui assurât l'utilité de ces établissements et les mît à même de rendre des services réels à l'agriculture. Cette direction à donner à l'emploi de la richesse financière du Pérou a été complétement méconnue. La faute ne doit pas retomber tout entière sur l'administration : il faut en attribuer une bonne part aux agriculteurs qui ne se sont pas préoccupés assez sérieusement des intérêts de leur industrie, et n'ont pas su, faute de s'entendre et de s'associer, diriger l'opinion publique et les actes du Gouvernement vers la protection de leurs travaux.

IMPRIMERIE CENTRALE DES CHEMINS DE FER. — A. CHAIX ET Cie, RUE BERGÈRE, 20, A PARIS. — 8390-8

IMPRIMERIE CENTRALE DES CHEMINS DE FER. — A. CHAIX ET Cie,
RUE BERGÈRE, 20, A PARIS. — 8392-8.

www.ingramcontent.com/pod-product-compliance
Ingram Content Group UK Ltd.
Pitfield, Milton Keynes, MK11 3LW, UK
UKHW012045240726
13965UKWH00003B/1057